Ehlers / Wolffgang / Schröder (Hrsg.)

Energie und Klimawandel

Schriften zum Außenwirtschaftsrecht

Herausgegeben von

Prof. Dr. Dirk Ehlers
Prof. Dr. Hans-Michael Wolffgang

Energie und Klimawandel

Tagungsband zum
14. Münsteraner Außenwirtschaftsrechtstag 2009

Herausgegeben von

Prof. Dr. Dirk Ehlers
Prof. Dr. Hans-Michael Wolffgang
Dr. Ulrich Jan Schröder

Mit Beiträgen von

RA Dr. Stefan Altenschmidt, LL.M., Dr. Peter Ebsen, LL.M.,
RegD Dr. Lorenz Franken, Benjamin Görlach, M. Sc.,
Dr. Markus J. Kachel, RA Barbara Kaech, M.B.L.,
RA Prof. Dr. Richard Kreindler, MinR Dieter Kunhenn,
Dr. Martin Lukas, RA Dr. Christian Pitschas, LL.M.,
Dr. Jörg Philipp Terhechte

Verlag Recht und Wirtschaft GmbH
Frankfurt am Main

Bibliografische Information Der Deutschen Nationalbibliothek

Die Deutsche Nationalbibliothek verzeichnet diese Publikation in der Deutschen Nationalbibliografie; detaillierte bibliografische Daten sind im Internet über http://dnb.d-nb.de abrufbar.

ISBN 978-3-8005-1521-9

Druckvorstufe: H&S Team für Fotosatz GmbH, 68775 Ketsch

Druck und Verarbeitung: Beltz Druckpartner GmbH & Co. KG, 69502 Hemsbach

Gedruckt auf alterungsbeständigem Papier nach DIN ISO 9706. Hergestellt aus elementar chlorfrei gebleichtem Zellstoff.

Printed in Germany

Vorwort

Der vorliegende Tagungsband gibt Referate und Diskussionen des 14. Außenwirtschaftsrechtstages 2009 zum Thema „Energie und Klimawandel" wieder, den das am Institut für öffentliches Wirtschaftsrecht der Westfälischen Wilhelms-Universität angesiedelte Zentrum für Außenwirtschaftsrecht e. V. am 15. und 16. Oktober 2009 im Freiherr-von-Vincke-Haus der Bezirksregierung Münster veranstaltet hat. Die Veranstaltung ist von ca. 100 Teilnehmern besucht worden.

Allen, die zum Gelingen des Außenwirtschaftsrechtstages beigetragen haben, sei auch an dieser Stelle noch einmal vielmals gedankt. Unser besonderer Dank gilt Frau Ursula Smolinski und Herrn Robert Witte für die redaktionelle Bearbeitung dieses Bandes.

Münster, im Juni 2010

Die Herausgeber

Inhaltsübersicht

Inhaltsverzeichnis

Eröffnung des 14. Außenwirtschaftsrechtstages

Prof. Dr. Dirk Ehlers
Vorsitzender des Zentrums für Außenwirtschaftsrecht e.V. am Institut für öffentliches Wirtschaftsrecht der Universität Münster

Energie und Klimawandel betreffen Schicksalsfragen der Menschheit. Da in fast allen Lebensbereichen Energie benötigt wird und auch die Wirtschaft nicht ohne Energie auskommt, lässt sich das Interesse an einer sicheren Energieversorgung mit den Worten des Bundesverfassungsgerichts als „heute so allgemein wie das Interesse am täglichen Brot" (BVerfGE 91, 306) bezeichnen. Ob und gegebenenfalls wie es gelingen kann, auf Dauer eine sichere Energieversorgung zu garantieren ist angesichts der Endlichkeit der vorhandenen fossilen Energieträger und der Umstrittenheit der Kernenergie trotz des propagierten weiteren Ausbaus der erneuerbaren Energien offen. Verschärfend kommt hinzu, dass die fossilen Energiereserven auf wenige Länder in der Regel außerhalb Europas beschränkt sind und auch die Sonnenenergie nicht überall effektiv genutzt werden kann.

Des Weiteren geht es nicht nur um eine sichere, sondern auch um eine preisgünstige, verbraucherfreundliche, effiziente und umweltverträgliche Versorgung mit Energie. Preisgünstigkeit und Verbraucherfreundlichkeit lassen sich am besten durch regulierten Wettbewerb, Effizienz und Umweltverträglichkeit durch Einsparmaßnahmen, schonende Nutzung der natürlichen Ressourcen und einen wirksamen Klimaschutz erreichen. Vor allem der Klimawandel fordert die Weltgemeinschaft heraus. Nach dem Sachstandsbericht des zwischenstaatlichen Ausschusses für Klimaveränderungen (EPCC) hat sich die Erde in den letzten hundert Jahren um 0,74 Grad Celsius und damit schneller als in den letzten tausend Jahren erwärmt. Wenn die Entwicklung anhält, werden äußerst nachteilige Konsequenzen für das Ökosystem befürchtet (etwa Versteppungen, Überschwemmungen oder ein Ansteigen des Meeresspiegels). Maßgeblich zu dem Klimawandel beigetragen haben sollen die Energieversorgungsunternehmen, weil sie klimaschädliche Treibhausgase emittieren. Daher verfolgen die meisten – aber keineswegs alle – Staaten das Ziel, die Emission zu reduzieren.

Die kurze Schilderung der tatsächlichen Lage dürfte hinreichend deutlich gemacht haben, dass wir es nicht mit einer bloß nationalen oder regionalen, sondern globalen Problemstellung zu tun haben. Dementsprechend kommt es auch und gerade auf das internationale respektive ausländische Recht an. Bisher wird jedenfalls das Energierecht bei uns aber primär aus der Sicht des nationalen oder europäischen Rechts betrachtet. Dieser Umstand sowie die Gewichtigkeit der angesprochenen Sachfragen haben das Zentrum für Außenwirtschaftsrecht der Westfälischen Wilhelms-Universität veranlasst, den diesjährigen 14. Außenwirtschaftsrechtstag erstmalig der Thematik „Energie und Klimawandel" zu widmen.

Am heutigen Tag wollen wir uns zunächst nur mit dem Energierecht befassen. Um die internationalen Rahmenregelungen beurteilen zu können, sollte man zunächst wissen, was man selber für richtig und erstrebenswert hält. Daher beginnen wir gewissermaßen von unten mit dem Blick auf die nationale und europäische Energiepolitik. Dieser Aufgabe wird sich Herr Ministerialrat Kunhenn vom Bundesministerium für Wirtschaft und Technologie annehmen. Sowohl die Europäische Gemeinschaft als auch die Bundesrepublik Deutschland verfolgen eine integrierte Energie- und Klimapolitik, zu deren Bausteinen die Sicherung der Versorgung mit ausländischen Energieträgern, die Reduktion der Treibhausgase, die Steigerung der Energieeffizienz, der weitere Ausbau der erneuerbaren Energien sowie die weitere Liberalisierung der Strom- und Gasmärkte gehören. Interessant wäre es zu erfahren, ob die Gemeinschaft und alle Mitgliedstaaten wirklich in allen Punkten an einem Strang ziehen. So bestehen jedenfalls hinsichtlich der Einschätzung der Nuklearenergie sehr unterschiedliche Auffassungen in den Mitgliedstaaten.

Der Handel mit Energie, die Erbringung von Energiedienstleistungen und der Schutz von Innovationen im Energiebereich ist Gegenstand multi- und bilateraler Verträge. Es versteht sich von selbst, dass auf multilateraler Ebene zunächst die WTO-Regelungen zu nennen sind. Besondere Bedeutung hat aber auch und gerade der Vertrag über die Energiecharta erlangt. Der Vertrag schafft einen rechtlichen Rahmen für die Förderung langfristiger Zusammenarbeit im Energiebereich. Er wurde auf Initiative des Europäischen Rates als Rahmen für die internationale Zusammenarbeit zwischen den Staaten der Europäischen Union, den meisten OECD-Mitgliedsländern (seinerzeit allerdings noch mit Ausnahme der USA, Kanadas, Mexikos und Neuseelands), den ehemaligen Republiken der Sowjetunion sowie den ehemaligen Staatswirtschaftsländern Mittel- und Osteuropas konzipiert. Die Charta wurde im Jahre 1994 unterzeichnet und ist 1998 in Kraft getreten. 51 Staaten, die Europäische Gemeinschaft und die Europäische Atomgemeinschaft haben den Vertrag unterzeichnet oder sind ihm beigetreten. Von besonderer Brisanz ist der Umstand, dass die provisorische Anwendbarkeit des Vertrages auf die Russische Föderation in diesen Tagen endet. Dies hört sich nicht gut an.

Die Zusammenarbeit auf der Grundlage der Charta wurde institutionell geregelt, wobei die Energiechartakonferenz, in der alle beteiligten Länder vertreten sind, als leitendes Organ fungiert. Inhaltlich regelt der Vertrag neben allgemeinen Bestimmungen z. B. in Bezug auf Wettbewerb, Transparenz, Souveränität, Umwelt und Besteuerung u. a. den Handel mit Primärenergieträgern und Energieerzeugnissen sowie den Transit. In jedem Falle müssen die Unterzeichnerländer die GATT-Bestimmungen anwenden, auch wenn sie selbst nicht der Welthandelsorganisation angehören (wie dies z. B. noch auf die Russische Föderation zutrifft). Allerdings gelten für diese Länder einige Sonderregelungen.

Ein Kernstück des WTO-Rechts ist der Meistbegünstigungsgrundsatz. Es stellt sich die Frage, wie sich dies mit dem von einigen Ländern nach wie vor zugrunde gelegten „Double Pricing" verträgt. Große Bedeutung kommt auch Art. 7 des Energiechartavertrages zu, der sich mit dem Transit befasst. Immerhin hat der russisch-ukrainische Streit über die Gaslieferungen nach Westeuropa im letzten Winter dazu geführt, dass in einigen osteuropäischen Ländern trotz bitterer Kälte nicht mehr geheizt werden konnte. Näheres zu diesen und anderen Rechtsfragen hofften wir von Frau Dr. Selivanova von dem Energy Charter Secretariat zu erfahren. Aus zwingenden dienstlichen Gründen ist Frau Selivanova heute aber leider verhindert. Wir sind Herrn Dr. Kachel von der Rechtsanwaltskanzlei Becker/Büttner/Held sehr dankbar, dass er kurzfristig eingesprungen ist und sich der Thematik angenommen hat. Er wird auch auf die Energieeffizienz und damit verbundene Umweltaspekte eingehen. Ein entsprechendes Protokoll ist dem Vertrag über die Energiecharta beigefügt worden.

Neben dem Warenhandel ist auch ein eigener Markt von Energiedienstleistungen entstanden. So gibt es zahlreiche Anbieter aus Industriestaaten, die über keine oder nur wenig Energierohstoffe verfügen, dafür aber über die notwendige Technologie für Exploration, Produktion und Transport. Die für die Erbringung der Energiedienstleistungen geltenden Liberalisierungs- und Regulierungsbestimmungen auf multilateraler und bilateraler Ebene wird uns Herr Rechtsanwalt Dr. Pitschas von der Anwaltskanzlei Bernzen/Sonntag vorstellen. Herr Pitschas und Herr Schloemann sind nicht nur Beiratsmitglieder unseres Zentrums und häufige Referenten unserer Tagung, sondern sie waren uns auch zum wiederholten Mal bei der konzeptionellen Vorbereitung behilflich. Hierfür möchte ich beiden unseren herzlichen Dank aussprechen.

Im letzten Jahr hat sich der Außenwirtschaftsrechtstag mit den Rechtsfragen grenzüberschreitender Investitionen befasst. Hierbei hat sich gezeigt, dass solche Investitionen in der Regel nur dann getätigt werden, wenn sie geschützt sind, d. h. im Streitfall ein unabhängiges Gericht angerufen werden kann. Dies gilt in besonderer Weise auch für den Energiesektor, weil die getätigten Investitionen auf diesem Feld überaus hoch und langfristig zu sein pflegen. Die Auseinandersetzungen zwischen den Ölfirmen Total, Exxon, Shell und BP einerseits und russischen Behörden andererseits mit der Folge eines Nachgebens der Ölfirmen in allen Fällen, sind uns noch in nicht gerade guter Erinnerung. Der Vertrag über die Energiecharta enthält eigene Teile über die Förderung und den Schutz von Investitionen sowie über die Streitbeilegung. Gem. Art. 26 des Vertrages haben Investoren die Wahl zwischen der Einleitung eines ICSID-Schiedsverfahrens, eines Schiedsverfahrens im Rahmen des Instituts für Schiedsverfahren der Stockholmer Handelskammer oder eines ad-hoc-Verfahrens unter Anwendung der UNCITRAL-Schiedsordnung. Üblicherweise werden Investitionsschutzverträge bilateral zwischen den Staaten abgeschlossen. Nach dem Vertrag von Lissabon liegt die Kompetenz für ausländische Direktinvestitionen künftig bei der Europäischen Union. Für den Energiebereich dürfte diese Kompetenzänderung von geringer Bedeutung sein, weil der auch von der Europäischen Gemeinschaft unterschriebene Vertrag über die Energiecharta bereits die einschlägigen Regelungen enthält. Über die Rechtsschutzmöglichkeiten und die weiteren Probleme wird uns Herr Prof. Dr. Richard Kreindler berichten, der nicht nur Partner bei der Rechtsanwaltskanzlei Shearman und Sterling, sondern seit kurzem auch Honorarprofessor unserer Universität respektive Fakultät ist.

Auf dem Energie-Sektor haben wir es auch mit Kartellen zu tun. Ein klassisches Kartell bildet die Organization of Petrolium Exporting Countries, besser bekannt als OPEC, weil sich diese Organisation über Preise und Angebotsmengen abspricht. Wenn ich die Meldungen richtig deute, versucht Russland, entsprechendes für den Bereich von Gaslieferungen zu etablieren. Sieben der gegenwärtig elf OPEC-Staaten sind auch Mitglied der Welthandelsorganisation. Ein spezifisches Kartellrecht kennt das Welthandelsrecht nicht, mag ein solches auf lange Sicht auch anzustreben sein. Immerhin verbietet Art. XI des GATT mengenmäßige Beschränkungen. Die verschiedenen zugelassenen Ausnahmen einschließlich der Beschränkung zur Erhaltung erschöpflicher Naturschätze dürften im Ergebnis kaum einschlägig sein. Dass es trotzdem bisher nicht zu einem Streitbeilegungsverfahren gekommen ist, hängt sicher auch mit der großen Abhängigkeit vom Erdöl und damit von den OPEC-Staaten zusammen. Weiterer Aufschluss ist von einem Vergleich mit dem europäischen Wettbewerbsrecht zu erwarten. Hierzu hat Herr Dr. Terhechte eine Monographie vorgelegt. Er wird sich daher in seinem Referat nicht nur mit den Energiekartellen im Lichte des WTO-, sondern auch des EG-Rechts befassen. Herr Dr. Terhechte habilitiert sich in Hamburg und gehört zu den wenigen Öffentlich-Rechtlern, die sich auch des Kartellrechts annehmen. So hat er kürzlich ein mehr als 2.000 Seiten umfassendes Buch zum Internationalen Kartell- und Fusionsverfahrensrecht herausgegeben. Mit der Pflege des Kartellrechts aus öffentlich-rechtlicher Sicht kommt Herr Terhechte einem dringenden Forschungsbedarf nach.

Der Einsatz neuer Energien und die Verwendung der Biomasse (etwa aus Holz, Abfällen oder Agrikulturpflanzen) zur Erzeugung von Energie werden – wohl nicht nur in Europa – mit Subventionen gefördert. Zum einen tritt die Europäische Union mittels der aus Struktur- und Kohäsionsfonds geförderten Regionen selbst als Subventionsgeber auf. Zum anderen genehmigt sie staatliche Investitions- und Betriebsbeihilfen auf der Grundlage des Gemeinschaftsrahmens für staatliche Umweltschutzbeihilfen oder nach Maßgabe der Leitlinien für staatliche Beihilfen mit regionaler Zielsetzung. Es stellt sich die Frage, welche Schranken das WTO-Recht und das Beihilferecht der Europäischen Gemeinschaft diesen und anderen Subventionsaktivitäten ziehen. Dieser Problemstellung wird Herr Dr. Lukas von der Generaldirektion Handel der EU-Kommission nachgehen. Auch Herr Dr. Lukas ist in Münster kein Unbekannter, hat er doch schon verschiedentlich den Außenwirtschaftsrechtstag mit seinen Vorträgen und Ausführungen bereichert.

Von der zunehmenden Abhängigkeit Europas von Energieeinfuhren war bereits die Rede. Da Erdgas als der die Umwelt am wenigsten belastende fossile Energieträger gilt, in Russland sowie einigen Anrainerstaaten noch große Gasreserven bestehen und wenige Leitungen die Gefahr von Transitstreitigkeiten heraufbeschwören, ist der Bau von weiteren Gas-Pipelines geplant. In Bezug auf Europa handelt es sich vor allem um das erst am Anfang stehende Projekt „Nabucco“ sowie um die Ostseepipeline. Im Jahre 2005 haben Gazprom und die deutschen Unternehmen E.ON und Wintershall, eine Tochter der BASF, einen Vertrag über die Ostseepipeline geschlossen, die von Vyborg in Russland bis nach Greifswald führen soll, mit der Möglichkeit weiterer Abzweigungen. An dieser nordeuropäischen Gasleitung halten Gazprom 51% und E.ON und BASF urspünglich jeweils 24,5%, wobei E.ON über seine Tochter Ruhrgas zu einem Anteil von 6,5% an Gazprom und diese mit 50% an der Vermarktungsgesellschaft Wingas beteiligt sind. Letztere hat sich zur Abnahme von neun Milliarden Kubikmetern im Jahr aus der Ostseepipeline verpflichtet. Inzwischen halten E.ON und BASF jeweils 20%, und Gasunie ist mit 9% an der Nord Stream AG beteiligt. Das von den baltischen und skandinavischen Staaten sowie Polen kritisierte Vorhaben wirft eine Reihe rechtlicher Fragen auf. Diese ergeben sich insbesondere aus dem Seevölkerrecht – erwähnt sei das Seerechtsübereinkommen, das Helsinki-Übereinkommen und die Espoo-Konvention, dem Europäischen Gemeinschaftsrecht und dem nationalen Recht der betroffenen Staaten. Die rechtliche Planung und Durchführung der Ostseepipeline liegt bei der Nord Stream AG, die ihren Sitz in Zug in der Schweiz hat. Ich freue mich sehr darüber, dass wir von Frau Barbara Kaech Informationen aus erster Hand erhalten werden.

Eine weitere Möglichkeit, die Energieversorgung zu gewährleisten, bietet die Einfuhr flüssiger Biomasse, also von Biokraftstoff. Doch wird kritisiert, dass das Pflanzenöl zum Teil unter sehr kritikwürdigen Bedingungen produziert wird, nämlich mittels Regenwaldabholzung, Monokulturplantagen, Sumpftrockenlegungen und Zerstörung kleinbürgerlicher Strukturen. Außerdem fürchtet man, dass ein unregulierter Ausbau der Biokraftstoffproduktion zu einem Anstieg der Lebensmittelpreise führen wird und damit auf Kosten der Menschen in ärmeren Ländern geht. Schließlich wird eine Umgehung der Vorgaben der Internationalen Arbeitsorganisation (ILO) befürchtet. Deshalb hat die Europäische Gemeinschaft mit der Richtlinie 2009/28 die Anrechnung von Biokraftstoffen und flüssigen Biobrennstoffen auf den Anteil der Energie aus erneuerbaren Quellen an die Erfüllung von Nachhaltigkeitskriterien gekoppelt. Die Einhaltung internationaler sozioökonomischer Standards durch diejenigen Länder, die Rohstofflieferanten sind, ist Gegenstand obligatorischer Berichte, welche die Kommission dem Europäischen Parlament und dem Rat zu erstatten hat. Werden die auf den Klimaschutz und die biologische Vielfalt abzielenden Kriterien nicht erfüllt, sollen nach Maßgabe des Richtliniengebers die für Biokraftstoffe und flüssige Biobrennstoffe vorgesehenen Anreize nicht greifen. Erneut stellt sich die Frage, ob die angesprochenen Normen mit dem Welthandelsrecht vereinbar sind. Ein Sachkenner dieser Materie ist Herr Regierungsdirektor Dr. Franken vom Bundesministerium für Ernährung, Landwirtschaft und Verbraucherschutz. Auch Herr Dr. Franken war schon einmal Referent des Außenwirtschaftsrechtstages. Er hat sich nämlich auf dem 11. Außenwirtschaftsrechtstag mit den Ausfuhrsubventionen nach dem Landwirtschaftsübereinkommen befasst. Es scheint also das Motto zu gelten: Einmal auf dem Außenwirtschaftsrechtstag gesprochen, für immer mit ihm verhaftet.

Am morgigen Tag wollen wir uns noch gezielter dem Klimaschutz zuwenden. Nach ersten Ansätzen zur Bekämpfung des Klimawandels mittels Unterzeichnung einer Klimarahmenvereinbarung in Rio im Jahre 1992 haben sich mittlerweile 184 Staaten in dem 1997 beschlossenen Kyoto-Protokoll zur verbindlichen Reduzierung der Treibhausgase verpflichtet. Für die Zeit nach 2012 muss ein neues Klimaabkommen vereinbart werden, das auf der im Dezember beginnenden Konferenz in Kopenhagen verhandelt wird. Die Europäische Union hat bereits eine Reduktion der CO_2-Emissionen bis 2020 gegenüber 1990 um 30% im Rahmen eines globalen Abkommens, in jedem Fall jedoch um mindestens 20% zugesagt. Der Ausbau der erneuerbaren Energien soll auf einen Anteil von 20% am gesamten Endenergieverbrauch der Europäischen Union erhöht und eine Effizienzsteigerung um ebenfalls 20% bis 2020 erreicht werden. Im Übrigen ist im Vorfeld der Konferenz bisher hauptsächlich über den Beitrag der anderen Industrie- und Schwellenländer, die neue Klimapolitik der USA sowie die finanzielle Unterstützung der Entwicklungsländer diskutiert worden. Zunächst stellt sich aber die Frage, welche Instrumente für einen Klimaschutz ökonomisch geeignet sind. Diesem Problemkreis wird dankenswerterweise Herr Benjamin Görlach vom Ecologic Institut Berlin nachgehen.

Bekanntlich hat die Europäische Union bereits jetzt Obergrenzen für die CO_2-Emission im Stromrecht und teilweise auch anderen Bereichen festgelegt sowie ein Emissionshandelssystem eingeführt, um die Kyoto-Vorgaben mittels einer Verknüpfung von ordnungsrechtlichen und marktwirtschaftlichen Vorgaben erreichen zu können. Die Einführung ist zunächst unisolo begrüßt worden. Allein der Emissionshandel befähige zu einem rationalen Umgang mit dem Klimawandel. In der letzten Zeit mehren sich aber kritische Stimmen. Für den Außenwirtschaftsrechtler besonders interessant ist, dass das Kyoto-Protokoll den Industriestaaten eine Kooperation mit den Entwicklungsländern erlaubt, um Klimaschutzprojekte in einem Entwicklungsland durchzuführen. Die Projekte sollen dazu beitragen, Technologien und Finanzmittel zum Schutz des Klimas zu transferieren. Die beteiligten Industriestaaten können sich die aus dem Projekt hervorgehenden Emissionsreduktionen auf ihre Reduktionsverpflichtung nach dem Kyotoprotokoll anrechnen lassen. Dies hat zu einem Emissionshandel zwischen Industriestaaten und Entwicklungsländern geführt. Was es damit im Einzelnen auf sich hat, werden wir von Herrn Dr. Ebsen erfahren. Herr Ebsen hat nicht nur vor Jahren in Münster bei einem Hochschullehrer, dessen Name mir im Moment entfallen ist, über Rechtsfragen des Emissionshandels promoviert. Er ist auch seit langem bei dem englischen Unternehmen EcoSecurities tätig, welches den Emissionshandel mit Entwicklungsländern betreibt, und daher bestens mit der Materie vertraut.

Nicht nur das internationale, sondern auch das europäische Emissionshandelssystem ist äußerst komplex und aufwendig geraten. Dies hat zur Folge, dass sich zahlreiche Rechtsfragen stellen, die zum Teil auch schon der europäischen und nationalen Gerichtsbarkeit vorgelegt worden sind. Mit der durch das Zuteilungsgesetz 2012 eingeführten entgeltlichen Versteigerung von Emissionsberechtigungen stellen sich weitere verfassungsrechtliche Fragen. Wir schätzen uns glücklich, mit Herrn Rechtsanwalt Dr. Altenschmidt von der Kanzlei Freshfields Bruckhaus Deringer einen Experten für die vielfältigen Rechtsprobleme gewonnen zu haben.

Schließlich werden wir einen Blick auf das sog. Carbon Leakage werfen. Auch nach der novellierten Emissionshandelsrichtlinie der Europäischen Gemeinschaft vom April dieses Jahres sollen diejenigen Wirtschaftsunternehmen, die im internationalen Wettbewerb stehen und die Kosten für den erforderlichen Erwerb von Emissionszertifikaten nicht ohne erheblichen Verlust an Marktanteilen an Wettbewerber außerhalb der Europäischen Union in die jeweiligen Produkte einpreisen können, in den Genuss kostenloser Emissionszertifikate kommen können. Zusätzlich wird an Importbeschränkungen sowie den Abschluss globaler und sektoraler Abkommen zur Emissionsreduzierung gedacht, um eine Verlagerung von CO_2-Emissionen in das Ausland zu vermeiden. Es stellt sich die Frage, ob diese Maßnahmen mit dem WTO-Recht vereinbar sind. Herr Rechtsanwalt Schloemann, Rechtsanwaltskanzlei Bernzen/Sonntag, von dem bereits die Rede war, befasst sich zusammen mit seinem Kollegen Pitschas in Genf mit dem WTO-Recht und wird sich morgen dieses Problemkreises annehmen.

Der Überblick dürfte deutlich gemacht haben, dass wir es nicht nur mit einem facettenreichen, sondern auch umfangreichen Programm zu tun haben. Daher sollten wir keine weitere Zeit verlieren. Ich heiße Sie herzlich zum 14. Außenwirtschaftsrechtstag willkommen und wünsche uns eine ertragreiche Tagung.

Nationale und europäische Energiepolitik

MinR Dieter Kunhenn,
Bundesministerium für Wirtschaft und Technologie, Berlin

A. Einleitung

Die Energiefrage und damit auch die Energiepolitik hat für die Zukunft unserer Volkswirtschaften herausragende Bedeutung. Jederzeit verfügbare Energie ist keine Selbstverständlichkeit – das haben viele Menschen in Südosteuropa während der Gaskrise Anfang des Jahres am eigenen Leib erfahren müssen. Bei der Verbrennung fossiler Energieträger entsteht CO_2. Die Treibhausgasemissionen müssen wir weltweit drastisch reduzieren, um die Erderwärmung in akzeptablen Grenzen zu halten. Die Vorräte an fossilen Energieträgern sind nicht unbegrenzt und global ungleich verteilt – am deutlichsten wird dies bei Öl und Gas. Schließlich ist Energie ein Kostenfaktor. Trotz zwischenzeitlicher Preisentspannung durch die weltweite Wirtschaftskrise müssen wir uns bei wachsendem Weltenergiebedarf auf mittel- und langfristig steigende Energiepreise einstellen. Damit sind die Ziele der Energiepolitik adressiert: Energie soll sicher, sauber und bezahlbar sein. Wichtig ist es, dass diese energiepolitischen Ziele gleichrangig verwirklicht werden. Dazu brauchen wir eine stimmige Energiepolitik, die auf Innovationen setzt und marktorientiert ausgestaltet ist.

Energiepolitik hat eine nationale, eine europäische und eine internationale Dimension. Dem Titel meines Vortrags entsprechend beleuchte ich die ersten beiden Dimensionen ausführlicher, werde aber auch die dritte kurz ansprechen. Nationale und europäische Energie- und Klimapolitik haben in der letzten Legislaturperiode eine sehr große Rolle gespielt. Auch von der neuen Legislaturperiode, sowohl im Brüssel als auch national sind in neuer Aufstellung energie- und klimapolitische Akzente zu erwarten.

B. Nationale Dimension

Die drei Energiegipfel der Bundeskanzlerin in den Jahren 2006 und 2007 mündeten in die Verhandlungen zum sog. Integrierten Energie- und Klimaprogramm der Bundesregierung.

Dieses umfangreiche Paket enthält Rechtsetzung und Förderprogramme zugunsten von mehr Energieeffizienz und erneuerbaren Energien. Zu nennen sind hier insbesondere das Erneuerbare-Energien-Gesetz, das Erneuerbare-Energien-Wärmegesetz, das Kraft-Wärme-Kopplungsgesetz und die Energieeinsparverordnung. Außerdem wurden die Genehmigungsverfahren für wichtige Hochspannungsleitungsprojekte gesetzlich vereinfacht. Dieser Netzausbau ist dringend notwendig, um Windstrom aus dem Norden Deutschlands zu den Verbrauchsschwerpunkten zu transportieren.

Auch beim Wettbewerb im Strom- und Gasmarkt konnten beachtliche Fortschritte erzielt werden. Zu nennen sind hier der einfachere Wechsel des Strom- oder Gasanbieters, die Anreizregulierung der Netzentgelte, der erleichterte Netzanschluss für neue Kraftwerke und die verschärfte kartellrechtliche Missbrauchsaufsicht. Immer mehr Verbraucher nutzen diese Möglichkeit, zwischen unterschiedlichen Anbietern und Tarifen auszuwählen. Im Interesse der Verbraucher sind hier weitere Fortschritte notwendig.

Mit den energiepolitischen Aktivitäten sind zwei Aspekte eng verknüpft: Nämlich das Verhältnis von Staat und Wirtschaft und die Bedeutung technologischer Entwicklungen. So viel Staat wie nötig und so viel Markt wie möglich sollte die Maxime in der sozialen Marktwirtschaft sein, auch in der Energiepolitik. Nicht der Staat versorgt seine Bürger mit Energie, sondern dies ist Aufgabe der Unternehmen. Funktionierender Wettbewerb ist deshalb wichtig für Effizienz und Innovationen. Damit er funktioniert, muss der Staat auch im Energiebereich darauf achten, dass Spielregeln eingehalten werden. Dazu gehört die Regulierung der Netze genauso wie die Festlegung und Durchsetzung kartellrechtlicher Anforderungen. Und schließlich ist der Staat bei Marktversagen gefordert. CO_2-Emissionen hätten keinen Preis, wenn der Staat deren Bepreisung nicht mit dem Emissionshandel initiiert hätte. Zu viele staatliche Vorgaben oder gar Bevormundungen jedoch lähmen die Eigeninitiative der Verbraucher und Unternehmen.

Zur Technologiefrage: Neue Technologien sind der Schlüssel für die Zukunft, der Schlüssel für nachhaltiges Wachstum. Die ökonomische Geschichte Europas ist auch eine Geschichte technologischer Entwicklungen, die letztlich unvorhersehbar waren. Treibende Kraft sind unternehmerischer Erfindergeist und Wettbewerb um die besseren Ideen. Offenheit für unterschiedlichste Technologien ist also Voraussetzung für Fortschritt. Neue Technologien fallen nicht vom Himmel. Sie sind das Ergebnis langjähriger Forschungs- und Entwicklungsarbeiten. Staatliche Forschungsförderung ist sehr sinnvoll, sollte aber bei allen Optionen ansetzen und nur dann gewährt werden, wenn marktbedingt rein unternehmerisch finanzierte Forschung nicht ausreichend stattfindet. Die Markteinführung bestimmter Technologien hingegen sollte nur ausnahmsweise finanziell gefördert werden. Und wenn dies geschieht, sollte die Förderung klar degressiv und zeitlich begrenzt ausgestaltet sein. So besteht bei der Förderung der Fotovoltaik Prüfbedarf, denn die Preise für Solarmodule sind deutlich gesunken. Dauerförderung behindert Innovationen und belastet alle – mit Ausnahme des Förderungsempfängers.

Mit der Technologiefrage ist in Deutschland die Akzeptanzfrage eng verknüpft. Man gewinnt den Eindruck, die Menschen lehnen jede Art größerer Investition ab, seien es Kohlekraftwerke, Hochspannungsleitungen oder große Windparks, ganz zu schweigen von Kernkraftwerken. Wer Windstrom will, muss auch Leitungsbau akzeptieren. Wer in absehbarer Zeit aus Kohle und Kernenergie aussteigen will, stellt auch die Industrieproduktion in Frage. Wer Klimaschutz schließlich ernst meint, muss darüber nachdenken, wie Emissionen der Kohlenutzung reduziert oder unschädlich gemacht werden können. Mangelnde Akzeptanz ist inzwischen ein ernsthaftes Problem, das die Gesellschaft bewältigen muss, sonst droht tatsächlich irgendwann der Energienotstand. Schwarz-Weiß-Diskussionen helfen hier nicht weiter. Kein Energieträger hat nur Vorteile. Erst deren Kombination in unterschiedlichen Energieträgersystemen schafft Flexibilität und erfüllt die Anforderungen von Wirtschaft und Verbrauchern sowie Umwelt vergleichsweise am besten.

Wenn wir in Deutschland im Jahre 2020 30 % unseres Strombedarfs aus erneuerbaren Energien decken, brauchen wir für die fehlenden 70 % nach wie vor andere Energie. Grundlaststrom wird in Deutschland heute praktisch vollständig aus Kernenergie und Braunkohle erzeugt. Bei Kernenergie ist der Ausstieg gesetzlich geregelt. Danach würde das letzte Kernkraftwerk im Jahr 2022 vom Netz gehen. Durch eine Verlängerung der Laufzeiten sicherer Kernkraftwerke, wie sie jetzt in den Koalitionsverhandlungen diskutiert wird, könnte Zeit gewonnen werden, um die Energieeffizienz weiter zu verbessern und die technologische Entwicklung bei den Erneuerbaren weiter voran zu treiben. Selbstverständlich muss eine solche Verlängerung im Interesse der Verbraucher an klare Konditionen geknüpft werden. Auch Kohle ist kein Energieträger der Vergangenheit, sondern sogar der Energieträger mit den weltweit höchsten Zuwachsraten. 45 % des Stroms weltweit wird aus Kohle erzeugt. Dieser Herausforderung muss sich die Politik stellen. Dazu gehört dann auch zuzulassen, innovative Technologien zu erproben. Ich meine damit die Abscheidung und unterirdische Speicherung von CO_2, eine Technik, auf die der weltweite Klimaschutz sicherlich angewiesen sein wird. Klar ist bei alledem: An den erneuerbaren Energien führt kein Weg vorbei. Nur mit ihnen lassen sich die energie- und klimapolitischen Aufgaben der Zukunft auf Dauer lösen. Deswegen werden sie deutlich ausgebaut.

C. Europäische Dimension

Energiepolitik ist zu einem wichtigen Politikfeld auf europäischer Ebene geworden. Der Begriff „europäische Energiepolitik" ist heute nicht mehr umstritten, auch wenn europäische Maßnahmen zur Energiepolitik bisher vor allem auf der Umwelt- und auf der Binnenmarktkompetenz der EU fußen. Der Vertrag von Lissabon enthält demgegenüber eine eigenständige, explizite Kompetenznorm für Energie (Art. 194 AEUV). Damit dürfte sich in der Rechtsetzungspraxis nichts wirklich Grundlegendes ändern, aber die politische Bedeutung des Themas ist weiter gewachsen. Die Entwicklung dieser europäischen Dimension war ein längerer, schrittweiser Prozess, der auch mit den nationalen Energiepolitiken zusammenhängt. Dass in einem zusammenwachsenden Binnenmarkt immer mehr Sachverhalte nach EU-weiten Rahmenbedingungen verlangen, liegt auf der Hand. Auf der anderen Seite muss nicht alles auf europäischer Ebene geregelt werden. Es gibt strukturelle und kulturelle Unterschiede zwischen den Mitgliedstaaten. Nationale Energiepolitik ist deshalb mehr als die bloße Umsetzung europäischer Energiepolitik.

Die Mitgliedstaaten, so auch Deutschland, haben nationale Erfahrungen nach Europa getragen, beispielsweise im Bereich der Energieeffizienz von Gebäuden oder bei Erneuerbaren Energien. Seit Anfang der 90er Jahre treibt die Europäische Union die Öffnung der europäischen Energiemärkte voran. Auch hier gab es schon zu Beginn ähnliche Bemühungen in einzelnen Mitgliedstaaten. Diesen Weg in Europa einzuschlagen, war nicht nur notwendig, um die Effizienz der Energiebranche zu steigern, sondern ist auch konsequent, denn der Strom- und Gasmarkt macht nicht mehr an nationalen Grenzen Halt. Die Europäische Dimension ist aber auch angesichts zunehmend globaler Herausforderungen im Bereich Energie und Klima deutlich gewachsen. Beispiele sind die von wachsenden Importen abhängige Gasversorgung Europas oder der Beitrag Europas zum weltweiten Klimaschutz, Stichwort Kopenhagen.

Unter deutscher Ratspräsidentschaft im Jahr 2007 wurde schließlich erstmalig ein umfassender Energieaktionsplan der EU beschlossen, der heute die politische Grundlage für die europäische Energiepolitik bildet. Dieser Aktionsplan soll im Frühjahr 2010 unter spanischer Präsidentschaft fortgeschrieben werden. Die Beschlüsse von März 2007 beinhalten die als 20-20-20 bekannt gewordenen quantitativen Energie- und Klimaziele für Europa. Bis zum Jahr 2020 sollen die Treibhausgase gegenüber 1990 um 20% gesenkt (um 30%, sofern sich andere Industrieländer zu vergleichbaren Emissionsreduzierungen und die wirtschaftlich weiter fortgeschrittenen Entwicklungsländer zu einem ihren Verantwortlichkeiten und jeweiligen Fähigkeiten angemessenen Beitrag verpflichten), der Anteil der erneuerbaren Energien am Energieverbrauch auf 20% ausgebaut und die Energieeffizienz gegenüber dem Trend um 20% gesteigert werden. Die Kommission hat auf dieser Basis seit 2007 drei größere Vorschlagspakete auf den Tisch gelegt; zwei davon sind inzwischen von Rat und Parlament verabschiedet.

Dies gilt für das sog. EU-Klimapaket mit Richtlinien zur Treibhausgasreduzierung, zum Emissionshandel, zum Ausbau der Erneuerbaren Energien und zur CO_2-Speicherung. In Kraft getreten im September 2009 ist das sog. dritte Binnenmarktpaket für mehr Wettbewerb auf den Strom- und Gasmärkten. Mit dem Binnenmarktpaket werden die regulatorischen Rahmenbedingungen weiter harmonisiert auf dem Weg zu EU-weit einheitlichen Wettbewerbsbedingungen. Kernfrage in den Verhandlungen war hier die Entflechtung der im Wettbewerb stehenden Bereiche Erzeugung und Vertrieb vom Netzbetrieb, der als natürliches Monopol der Regulierung bedarf. Acht Mitgliedstaaten einschließlich Deutschland haben hierbei eine Alternative zu der von der Kommission bevorzugten eigentumsrechtlichen Trennung eingebracht. Vertikal integrierte Unternehmen können damit bestehen bleiben, müssen sich aber einer strengen Regulierung unterwerfen.

Derzeit noch verhandelt werden die meisten der Vorschläge aus dem Versorgungssicherheitspaket, das die Kommission im November 2008 vorgelegt hat. Dieses Paket enthält vor allem Maßnahmen zur Krisenvorsorge bei Öl und Gas zur Energieinfrastrukturentwicklung in Europa und zur Energieeffizienz. Die Versorgungssicherheit ist nach der Gaskrise zwischen der Ukraine und Russland in das Zentrum der politischen Diskussion gerückt. Zum einen geht es darum, Krisen zu vermeiden, also Risikomanagement zu betreiben. Zum anderen geht es darum, die Auswirkungen einer Krise, sollte sie dennoch eintreten, zu begrenzen - das bedeutet Krisenmanagement. Für beides wichtig ist schließlich der Dialog zwischen den Beteiligten.

Zum Risikomanagement: Während der in Europa verbrauchte Strom auch in Europa erzeugt wird, ist die EU beim Gas zu 60% auf Importe, insbesondere aus Russland, angewiesen – mit wachsender Tendenz. Mehrere Strategien müssen parallel verfolgt werden, um Versorgungs- und Preisrisiken zu begegnen. Dazu zählen die Erhöhung der Energieeffizienz, ein breiter Energiemix, die Diversifizierung der Lieferquellen und -wege sowie gute Beziehungen und möglichst wechselseitige Verflechtungen mit den Lieferländern. Energieeffizienz ist das energiepolitische Kernthema der amtierenden schwedischen Ratspräsidentschaft, die die Richtlinien zur Gesamtenergieeffizienz in Gebäuden und zur Energieverbrauchskennzeichnung zum Abschluss bringen möchte. Neue Lieferwege und teilweise auch neue Quellen will die EU mit großen Infrastrukturprojekten erschließen. Sie unterstützt solche Projekte politisch und plant auch neue Finanzierungsinstrumente. Bekannte Beispiele solcher Großprojekte sind die Ostseepipeline und die Nabucco-Pipeline. Entscheidend ist, dass die Unternehmen die Investitionen finanzieren und durchführen, nicht der Staat. Staatliche Aufgabe ist es, durch zügige und transparente Genehmigungsverfahren dafür zu sorgen, dass Investitionen voran kommen. Jedes Leitungsprojekt, das in unternehmerischer Verantwortung realisiert wird, ist ein Beitrag zur Diversifizierung und ist damit zu begrüßen. Insofern sollte die finanzielle Förderung, die im Rahmen des EU-Konjunkturprogramms für Energieinfrastrukturprojekte gewährt werden soll, eine Ausnahme bleiben.

Zum Krisenmanagement: Die deutsche Gasindustrie hat die Gaskrise gut gemeistert und auch anderen Ländern noch helfen können. Dafür entscheidend waren nicht zuletzt ausreichende Speicherkapazitäten in Deutschland. Wichtig für die Zukunft ist, dass alle Mitgliedstaaten ausreichend Vorsorge treffen. Stichwörter sind neben den Speicherkapazitäten auch der Netzausbau sowie geeignete Vertragsgestaltungen, um in einer Krise flexibel und wirksam reagieren zu können. Erst dadurch erhält die zu Recht geforderte Solidarität eine breite kommerzielle Grundlage nach dem Grundsatz: Keine Solidarität ohne Verantwortung. Auch im Krisenfall sind in allererster Linie die Unternehmen gefordert, Lösungen zu finden, wenn nötig in regionaler Zusammenarbeit. Erst wenn das nicht gelingt, sind die Mitgliedstaaten und erst danach die europäische Ebene am Zug. Diese gestufte Verantwortlichkeit betont Deutschland auch im Rahmen der Überarbeitung der Gasversorgungssicherheits-Richtlinie.

Zu den Energieaußenbeziehungen der EU: Richtig ist, dass die EU auf internationaler Ebene als ein bedeutender Akteur sichtbar werden muss - diesem Ziel dient die Forderung einer gemeinsamen Stimme der EU in der Energieaußenpolitik. Dort wo gemeinsame Interessen bestehen, sollte auch gemeinsam gehandelt und dies nach außen sichtbar werden. Dem steht nicht entgegen, dass bewährte bilaterale Beziehungen genutzt und fortgeführt werden. Während der Gaskrise hat die EU, dass sie in der Lage ist, ihre gemeinsame Stimme wirksam zu Gehör zu bringen.

D. Internationale Dimension

Für die EU und Deutschland ist es wünschenswert, dass wichtige Produzenten- und Transitländer in multilaterale Abkommen eingebunden werden. Damit können die Investitions- und Handelsbedingungen weiter verbessert werden. Bedauerlich ist, dass Russland sich inzwischen aus dem Energiecharta-Vertrag zurückzieht und bislang auch ein WTO-Beitritt Russlands nicht erfolgen konnte. Die Energiecharta spiegelt aus Sicht Russlands russische Interessen nicht ausreichend wider. Russland hat stattdessen ins Gespräch gebracht, ein neues, umfassendes multilaterales Energieabkommen unter Einschluss aller großen Produzenten- und Verbraucherländer zu schaffen. Dies wäre sicherlich ein äußerst ambitioniertes Unterfangen mit ungewissem Ausgang. Für die EU ist es daher Verhandlungsziel, dass die Prinzipien der Energiecharta – zum Beispiel Nicht-Diskriminierung von ausländischen Unternehmen und der Schutz von Investitionen – in einem neuen Partnerschafts- und Kooperationsabkommen ihren Niederschlag finden.

Die Energiebeziehungen mit Russland haben eine lange Tradition. Deutschland ist größter Abnehmer von russischem Öl und Gas, und Russland ist Deutschlands größter Lieferant. Bundeskanzlerin Merkel und Präsident Medwedew haben bei den deutsch-russischen Regierungsgesprächen im Oktober 2008 Energieeffizienz als einen Schwerpunkt künftiger Zusammenarbeit vereinbart. Russland beabsichtigt, zukünftig 40% seines Energieverbrauchs einzusparen. Mit steigender Energieeffizienz in Russland würde sich auch die Energieliefersicherheit für Deutschland erhöhen, denn Gas, das produziert, aber nicht im eigenen Land benötigt wird, steht für den Export zur Verfügung. Im Mittelpunkt der Zusammenarbeit bei Energieeffizienz steht der Aufbau der Russisch-Deutschen Energie-Agentur (rudea), die im Juli 2009 gegründet wurde und an der die Deutsche Energie-Agentur (dena) einen Anteil von 40% hält.

Der internationale Dialog zu Energiefragen wird in unterschiedlichen Organisationen gepflegt. Zu nennen sind hier die Internationale Energieagentur IEA in Paris, aber auch die neu eingerichtete Internationale Agentur für Erneuerbare Energien IRENA in Abu Dhabi sowie die Internationale Partnerschaft für Zusammenarbeit im Bereich Energieeffizienz IPEEC. Zur Entwicklung des Weltölmarkts findet im Internationalen Energieforum seit langem ein Dialog zwischen Produzenten- und Verbraucherländern statt. Die G20 haben sich im September in Pittsburgh erstmals für eine strengere Aufsicht der internationalen Ölfinanzmärkte ausgesprochen, um Spekulationsgeschäften entgegen zu wirken.

Es bleibt zu hoffen, dass auch in die internationale Klimapolitik wirklich Bewegung kommt. Denn Klimapolitik ist letztlich nur erfolgreich, wenn sie global betrieben wird. Nur dann lassen sich die energiepolitischen Ziele auf Dauer miteinander in Einklang bringen und gleichzeitig faire Wettbewerbs- und Handelsbedingungen erreichen. Die Herausforderung ist groß: Um die Klimaerwärmung auf 2°C zu begrenzen, müssen die globalen Emissionen bis zum Jahr 2050 mindestens um die Hälfte reduziert werden. Ziel der Weltklimakonferenz im Dezember in Kopenhagen ist deshalb ein verbindliches Klimaschutzabkommen zwischen Industriestaaten, Schwellen- und Entwicklungsländern. Alle Interessen unter einen Hut zu bringen, kommt der Quadratur des Kreises nahe. Letztlich geht es um einen für alle akzeptablen Interessenausgleich, der dem Weltklima nützt. Technologien sind hier langfristig der entscheidende Schlüssel. Es wird auch Anreize geben müssen, damit in den Entwicklungs- und Schwellenländern Investitionen in solche Technologien finanziert werden können.

Bereits heute sind Energie- und Klimaschutztechnologien weltweit gefragt. Deutsche Unternehmen haben hier viel zu bieten. Das ist ein Teil der Chance, die in der Krise steckt und die konsequent genutzt werden sollte. Das Bundeswirtschaftsministerium hilft durch erfolgreiche Initiativen – nämlich die Exportinitiative Erneuerbare Energien und die Exportinitiative Energieeffizienz – mittelständischen Unternehmen dieser Branchen, Auslandsmärkte zu erschließen. Die Internationale Energieagentur schätzt in ihrem World Energy Outlook 2008, dass im Zeitraum 2007 bis 2030 weltweit Investitionen in Energieinfrastruktur im Umfang von über 26 Billionen US-Dollar (in Preisen von 2007) nötig sein werden. Das ist eine große Herausforderung, aber auch eine herausragende Chance, die es zu nutzen gilt. Umwelt- und Klimaschutztechnologien sind deshalb zentrale Felder auch der Wirtschafts- und Industriepolitik.

E. Schlussbemerkung

Zentral ist die Frage, wie und wo den großen Herausforderungen der Energie- und Klimapolitik am besten begegnet werden kann. Zu unterstreichen ist die unternehmerische Verantwortung für Investitionen und die politische Verantwortung für regulatorische Rahmenbedingungen. Bei dieser Rahmensetzung bedarf es einer sinnvollen Aufteilung der Aufgaben auf die Mitgliedstaaten, die EU und die internationale Ebene. Marktorientierung, Innovationsfreundlichkeit und Technologieoffenheit sind entscheidend für einen produktiven Wettbewerb der Ideen. Das alles sind notwendige Voraussetzungen erfolgreicher Energie- und Klimapolitik.

Handel, Transport und Verteilung von Energie – gegenwärtige und künftige Rechtsfragen

Dr. Markus J. Kachel, Becker Büttner Held, Berlin

A. Einführung

Kaum eine Frage wird in politischer, wirtschaftlicher und rechtlicher Hinsicht so leidenschaftlich, so intensiv und wohl auch so endlos diskutiert wie die Frage, wie jetzt und in Zukunft eine verantwortbare, d.h. sichere und umweltverträgliche Energieversorgung erfolgen kann.

Einen Ausschnitt aus diesem komplexen Problem soll – im Kontext des Außenwirtschaftsrechts – der folgende Beitrag näher beleuchten. Der diesem Beitrag zugedachte Titel lässt in seiner Breite auch eine mehrbändige Abhandlung zu. Im Bewusstsein dessen sollen im Folgenden lediglich schlaglichtartig einige Fragen angesprochen werden, die den Rahmen abstecken für die verschiedenen Beiträge dieses Tagungsbandes, die sich mit aktuellen Problemen des Investitionsschutzes, des Transports und des Handels mit Energie sowie mit Fragen des Klimaschutzes beschäftigen.

Im Fokus der nachfolgenden Überlegungen soll der Energiechartavertrag[1] und insbesondere die Frage stehen, welche Bedeutung seine Vorschriften aktuell haben und welche Defizite und Regelungslücken möglicherweise bestehen. Ein Blick auf diesen praxisrelevanten und doch jedenfalls in der Rechtswissenschaft nicht übermäßig beachteten völkerrechtlichen Vertrag ist schon deshalb lohnenswert, weil zum Ende dieses Jahres erhebliche Änderungen in Kraft treten, die über zehn Jahre nach ihrer Unterzeichnung die Handelsvorschriften des Vertrags von der GATT- in die WTO-Welt transponieren.

Obgleich die Fokussierung auf den Energiechartavertrag bereits eine Engführung beinhaltet, soll sich die Betrachtung aus Platzgründen auf zwei Regelungskomplexe konzentrieren. Zum Einen der Bereich des Handels mit Energie und zum Zweiten der Bereich der Energieeffizienz.

Zunächst soll die Genese des Vertrags und seine Zwecksetzung beleuchtet werden. Daran anschließend werden die wesentlichen Regelungen zusammenfassend dargestellt. Als erster Schwerpunkt werden die handelsrechtlichen Regelungen des Vertrags – im Hinblick auf ihre Bedeutung und ihre Anwendbarkeit – herausgegriffen. Sodann soll das Charta-Protokoll über

1 BGBl. 1998 II, 4.

Energieeffizienz und damit zusammenhängende Umweltaspekte analysiert werden. Im Lichte der aktuellen Regulierungswellen, insbesondere auf EU-Ebene, stellt sich insbesondere die Frage, welche Rolle in diesem Rahmen der Energiechartavertrag und sein Energieeffizienzregime spielen können.

B. Der Energiechartavertrag: Genese und Zwecksetzung

I. Die Vorläufer: Lubbers-Plan und Europäische Energiecharta

Der Energiechartavertrag, unterzeichnet im Dezember 1994, stand am Ende eines energiepolitischen Prozesses, der seit 1990 an Dynamik gewann. Mit dem Ende der Blockkonfrontation trat die Frage in den Vordergrund, ob und gegebenenfalls wie eine gesamteuropäische Energiegemeinschaft Realität werden könnte. Der niederländische Ministerpräsident Ruud Lubbers entwarf die Vision eines partnerschaftlichen Miteinanders zwischen Ost und West, der im Kern drei Ziele hatte, namentlich die Erhöhung der Versorgungssicherheit für Westeuropa, die Maximierung der Sicherheit kerntechnischer Anlagen in ganz Europa und schließlich die Einführung einer kohärenten Umweltpolitik in Osteuropa.[2] Als Vehikel zur Umsetzung sollten insbesondere die Investitionen und Handelsaktivitäten der Energiewirtschaft dienen – ein Impetus, der sich auch im Energiechartavertrag findet.

Als Zwischenschritt hin zum Energiechartavertrag diente die sog. Europäische Energiecharta von 1991.[3] Sie ist eine völkerrechtlich unverbindliche Absichtserklärung. Wichtige Bausteine sind die Festlegung von Zielen: insbesondere die Entwicklung des Energiehandels im Einklang mit dem GATT, sowie Kooperation im Energiebereich, Umweltschutz und Energieeffizienz, die Erreichung der Ziele durch wirtschaftliche Zusammenarbeit sowie die Zusammenarbeit zum Abschluss weiterer spezifischer Abkommen.

Rechtsverbindlichkeit kommt der Charta nicht zu. Sie „verpflichtete" die Unterzeichner jedoch politisch auf der Grundlage ein Basisabkommen zu schließen, was schließlich auch – nach kleineren und größeren Geburtswehen[4] – im Jahr 1994 mit eben dem Energiechartavertrag gelang. Die Charta hat heutzutage damit praktisch jede Bedeutung verloren; in bestimmten Fällen kann sie allerdings noch als Auslegungshilfe für den Energiechartavertrag herangezogen werden.

2 S. Darstellung bei *Liesen*, Der Vertrag über die Energiecharta vom 17. Dezember 1994: Ursprung, Voraussetzungen, Inhalt, Bedeutung, 3.

3 Text abgedruckt in *Energy Charter Secretariat* (Hrsg.), The Energy Charter Treaty and Related Instruments, 2004, 211 ff.

4 *Liesen* (Fn. 2), 34 ff.

II. Wesentlicher Inhalt des Energiechartavertrags

Zum Energiechartavertrag sei zunächst eine strukturelle Anmerkung erlaubt: auch wenn die Charta zumindest vom Namen her noch auf Europa beschränkt war, gibt der Energiechartavertrag diesen engen Fokus explizit auf. Mitgliedsstaaten sind daher z.B. auch Japan, Australien und etliche zentralasiatische Republiken.[5] Der Energiechartavertrag ist ein multilaterales Abkommen, das territorial nicht begrenzt ist. Mittlerweile zählt er 52 Mitgliedsstaaten, fünf davon haben den Vertrag allerdings bislang noch nicht ratifiziert.

Der Zweck des Übereinkommens wird von Art. 2 Energiechartavertrag eindeutig umrissen. Dort heißt es: „This Treaty establishes a legal framework in order to promote long-term co-operation in the energy field" – also einen Rechtsrahmen für die langfristige Zusammenarbeit im Energiebereich – „based on complementarities and mutual benefits, in accordance with the objectives and principles of the Charter." Zum wesentlichen Verständnis dieser Formulierung trägt die Präambel bei, die als anzustrebendes Ziel nennt: „the progressive liberalisation of international trade"[6] „to catalyse economic growth"[7]. Verglichen mit den Zielen des Lubbers-Plans wird deutlich, dass der Energiechartavertrag darüber hinaus geht und den Welthandel im Energiebereich insgesamt in den Blick nimmt.

Der Energiechartavertrag gliedert sich in acht Teilbereiche. Wesentlich davon sind Part II (Handel), Part III (Investitionsanreize und -schutz), Part IV (Verschiedenes), Part V (Streitbeilegung) und Part VII (Institutionelle Regelungen).

Außerhalb der handelsrechtlichen Vorschriften sind insbesondere die Investitionsschutzregelungen zu erwähnen. Im Teil III bildet Artikel 10 die Kernvorschrift für die Förderung und den Schutz der Investitionsmaßnahmen.[8] Zentraler Bestandteil des Investitionsschutzes ist ein allgemeines Diskriminierungsverbot gegenüber ausländischen Investoren in Art. 10 Abs. 7 Energiechartavertrag, das einen Anspruch auf Inländerbehandlung und Meistbegünstigung enthält.

5 Aktueller Überblick über die Mitgliedsstaaten auf der Internetseite des Energy Charter Secretariats, <http://www.encharter.org/index.php?id=61&L=27>; letzter Aufruf am 03.12.2009.

6 Präambel des Energiechartavertrags, Erwägungsgrund 7.

7 A.a.o., Erwägungsgrund 5.

8 S. dazu den Beitrag von *Kreindler* in diesem Tagungsband, vgl. auch *Knahr*, The Relevance of the Energy Charter Treaty in International Investment Arbitration – Some Comments on Recent Developments, in: Ruppel (Hrsg.), Europäisches und Internationales Wirtschaftsrecht, 2009, 60, *passim*. Zusammenfassend *Karl*, in: Danner/Theobald, Energierecht, Band 3, Abschnitt XXX (Energiechartavertrag), Rn. 12 ff.

Weitere wichtige Vorschriften finden sich in Art. 12 und 13 Energiechartavertrag. Art. 13 erklärt Enteignungen für zulässig, wenn sie im öffentlichen Interesse liegen und Ergebnis eines rechtsstaatlichen Verfahrens sind. Gleichwohl hat der Investor in diesem Fall Anspruch auf eine umgehende, angemessene und effektive Entschädigung. Gleiches gilt nach Art. 12 Abs. 2 für Schäden, die aus einer Beschlagnahme durch Behörden oder Streitkräfte des Gastlandes resultieren. Wichtig dabei ist, dass die Investitionsschutzvorschriften auch die sog. Vor-Investitionsphase mit einbeziehen, d.h. geschützt ist nicht nur die bereits getätigte, sondern auch die Vorbereitung einer Investition.[9]

In Teil IV werden die sonstigen materiellen Regelungen gebündelt. Dort findet sich etwa Art. 19, der den Umweltschutz betrifft. Die Staaten verpflichten sich darin, die Umweltauswirkungen zu minimieren, die durch Vorgänge innerhalb des Energiekreislaufs verursacht werden.

Die Mitgliedsstaaten des Vertrags werden durch Art. 19 auch verpflichtet, Vorsorge zu treffen, damit Umweltbeeinträchtigungen verhindert oder zumindest minimiert werden können. Solche Maßnahmen sind beispielhaft aufgeführt und beinhalten unter anderem die Implementierung von Umweltverträglichkeitsprüfungen für spezifische Projekte einerseits und Pläne und Programme andererseits sowie die Verbesserung der Energieeffizienz und die Entwicklung und der Gebrauch von Erneuerbaren Energien. Damit vollzieht Art. 19 Energiechartavertrag aber ausschließlich den *status quo* der auch aus vielen anderen umweltvölkerrechtlichen Verträgen bekannten Vorsorgevorschriften nach.[10] Die Bestimmungen von Art. 19 werden flankiert durch das Protokoll über Energieeffizienz und verwandte Umweltaspekte, das unten noch näher betrachtet werden soll.[11]

Zuletzt soll klargestellt werden, dass der Energiechartavertrag insbesondere drei Bereiche nicht regelt bzw. vorgibt: zunächst eine bestimmte nationale Energiepolitik, etwa in Bezug auf die Nutzung von bestimmten Energieressourcen oder der Kernenergie; außerdem trifft er keine Entscheidung über die Organisation und Rechtsform (privat/staatlich) der Energiewirtschaft; schließlich enthält der Vertrag kein Recht auf die Ausbeutung von Energieressourcen durch Unternehmen anderer Mitgliedsstaaten.

9 S. auch *Karl* (Fn. 8), Rn. 22.

10 Zum Vorsorgeprinzip s. *Sands*, Principles of International Environmental Law, 2003, 266 ff.; *De Sadeleer*, Environmental principles: from political slogans to legal rules, 2002, 91 ff.

11 S. unten Abschnitt D.

C. Die Handelsvorschriften des Energiechartavertrages und ihr Verhältnis zum WTO-Regime

I. Allgemeines

Die Regelungen zum Handel sind geprägt von den Vorschriften des GATT/WTO-Regimes. Dabei ist zunächst zu erwähnen, dass im Jahr 1998 eine Ergänzung der handelsrechtlichen Vorschriften beschlossen wurde, die eine Anpassung der ursprünglich auf das GATT 1947 ausgerichteten Regelungen beinhaltete.[12] Außerdem wurde der Anwendungsbereich der handelsrechtlichen Vorschriften auf Energieausrüstungen („energy equipment") ausgedehnt.[13] Sie umfassen in der modifizierten Fassung daher auch den Handel mit Produkten wie etwa Pipelines, Turbinen oder Elektrizitätsleitungen.[14]

Dieses sog. *Trade Amendment* ist noch nicht in Kraft getreten; bisher wurde es von 34 der notwendigen 35 Vertragsparteien ratifiziert. Gleichwohl können im Folgenden die entsprechend modifizierten Vorschriften zugrunde gelegt werden, wie sie sich nach dem *Trade Amendment* darstellen. Georgien hat es jüngst ratifiziert; nun muss noch die Ratifikationsurkunde beim Depositar hinterlegt werden. Im Dezember 2009 ist mit dem Inkrafttreten zu rechnen.

Der Grundsatz der handelsrechtlichen Regelungen des Energiechartavertrags war und ist, das internationale Handelsregime nicht mehr als notwendig zu modifizieren und es grundsätzlich uneingeschränkt anzuwenden. Ausnahmen gelten für Mitgliedsstaaten, die nicht zugleich Mitglied der WTO sind. Im Umkehrschluss bedeutet das: das WTO-Regime ist für WTO-Mitglieder alleine maßgeblich im Bereich des Handels mit Energie, Energieprodukten und energiebezogener Ausrüstung. Auch für die übrigen Mitgliedsstaaten wird das WTO-Recht allerdings nur soweit eingeschränkt, wie dies Artikel 29 i.V.m. Anlage W Energiechartavertrag bestimmt. Die Handelsvorschriften im Energiechartavertrag haben daher insbesondere eine ergänzende Funktion für energiespezifische Fragestellungen.

Grundlage des Regelungsregimes ist der sehr allgemein gehaltene Grundsatz in Artikel 3 des Vertrages. Die Vertragsparteien wirken demnach darauf hin, „für Primärenergieträger, Energieerzeugnisse und energiebezogene Ausrüstung den Zugang zu den internationalen Märkten unter marktüblichen Bedingungen zu erleichtern und ganz allgemein einen offenen und wettbewerblichen Markt zu entwickeln." Die Anwendbarkeit der Handelsvorschriften auf

---

12 Die beschlossenen Ergänzungen sind abgedruckt in *Energy Charter Secretariat* (Hrsg.), (Fn. 3), 170 ff.

13 Diese Ausdehnung war bereits in Art. 31 Energiechartavertrag angelegt, der als Aufgabe der ersten Unterzeichnerstaaten-Konferenz festlegte, die Erweiterung des Anwendungsbereichs der handelsrechtlichen Vorschriften auf Energieausrüstungen zu untersuchen.

14 *Karl* (Fn. 8), Rn. 25.

Primärenergieträger, Energieerzeugnisse und energiebezogene Ausrüstung (vgl. auch Art. 29 Abs. 1 Energiechartavertrag) hat letztlich aber nur Auswirkungen auf den Handel zwischen Vertragsparteien, von denen mindestens eine nicht Mitglied der WTO ist. Denn das andernfalls geltende WTO-Übereinkommen deckt aufgrund seines umfassenden Ansatzes auch den sonstigen Handel im Energiebereich ab.

II. Das Verhältnis von Energiechartavertrag und WTO-Regime

1. Handel zwischen WTO-Mitgliedern

Artikel 4 stellt den Primat des WTO-Regimes heraus. Die Bestimmungen des GATT und der dazugehörigen Rechtsinstrumente dürfen durch den Energiechartavertrag nicht beeinträchtigt werden. Dies schließt nicht aus, dass Regelungen des Energiechartavertrags angewendet werden, deren Regelungsgehalt über die WTO-Vorschriften hinaus gehen.

2. Handel unter Beteiligung von Nicht-WTO-Mitgliedern

Es ist noch immer so, dass nicht alle Mitgliedsstaaten des Energiechartavertrags auch WTO-Mitglieder sind – so z.B. etliche zentralasiatische Staaten. Von daher ist der eben schon angeführte Art. 29 Energiechartavertrag auch weiterhin relevant. Seine Struktur ist komplex. Grundsätzlich ist es so, dass das WTO-Recht beim Handel unter Beteiligung von Nicht-WTO-Mitgliedern Anwendung findet; ausgenommen davon sind alle in Annex W aufgeführten Vorschriften des GATT und weiterer WTO-Rechtsinstrumente.

Als nicht anwendbare WTO-Regelungen sind insbesondere die institutionellen Bestimmungen, die Vereinbarung über Streitbeilegung (Dispute Settlement Understanding), die WTO-Vorschriften zur Zollbindung und Zollsenkung, das SPS- und das TBT-Agreement sowie GATS und TRIPs zu nennen.

Im Ergebnis führt diese Regel-Ausnahme-Technik aber dazu, dass zumindest die Grundsätze des WTO-Regimes in jedem Fall zur Anwendung kommen. Anwendbar bleiben für Nicht-WTO-Mitglieder u.a. Art. I (Meistbegünstigung), Art. III (Inländerbehandlung), Art. V (Transitregelungen), die Antidumping- und Subventionsregelungen (Art. VI und XVI) als Kern der WTO-Wettbewerbsordnung, sowie Art. XX, der allgemeine Ausnahmevorschriften, etwa zum Schutz des Lebens und der Gesundheit von Menschen, Tieren und Pflanzen, enthält.[15]

15 *Energy Charter Secretariat* (Hrsg.), Trade in Energy – WTO Rules Applying under the Energy Charter Treaty, 2001, 18 ff.

Die Anwendung dieser Vorschriften im Handel mit Nicht-WTO-Mitgliedern kann zu gewissen Inkonsistenzen führen. Deshalb müssen in diesem Fall die sog. „Regeln für die Anwendung des WTO-Übereinkommens" nach Annex W, Abschnitt B Energiechartavertrag beachtet werden.

3. *Handelsrechtliche Bestimmungen im Energiechartavertrag außerhalb des WTO-Regimes*

Die enge Verzahnung zwischen Energiechartavertrag und WTO bedeutet nicht, dass die handelsrechtlichen Regelungen des Vertrags – auch für die WTO-Mitglieder – keine über die WTO-Regelungen hinausgehende Bedeutung hätten. Im Energiechartavertrag wurden Vorschriften inkorporiert, die im WTO-Regime kein Äquivalent haben. Sie finden sich in Art. 6 bis 9 Energiechartavertrag und betreffen Bestimmungen zum Wettbewerb, zum Transit, zur Weitergabe von Technologie und zum Zugang zu Kapital, d.h. zu Geldmitteln im Gastland. Mit Ausnahme der Transitvorschrift ist der Gehalt dieser Regelungen aber begrenzt.

Die Mitgliedsstaaten sind etwa im Bereich des Wettbewerbs (Art. 6) nicht verpflichtet, private wettbewerbsschädigende Geschäftspraktiken zu unterbinden, sie haben lediglich eine Hinwirkungspflicht („shall work to alleviate"), die das WTO-Regime so nicht kennt. Der Umstand, dass keine weitergehenden Verpflichtungen verankert worden sind, wird damit begründet, dass das Wettbewerbsrecht in den Mitgliedsstaaten unterschiedlich ausgeprägt ist.[16]

Den für die Praxis bedeutsamen Bereich des Austausches von Technologie erkennt Art. 8 Energiechartavertrag zwar grundsätzlich an Auch insofern besteht jedoch nur die Pflicht, die Weitergabe von Energietechnologie – der Begriff wird im Vertrag nicht definiert – zu fördern, ohne dass dies durch bestimmte Umsetzungspflichten untermauert würde. Beim Zugang zu Kapital (Art. 9) sind die Mitgliedsstaaten „bestrebt", den Zugang zu den Kapitalmärkten zu öffnen; dabei gilt das allgemeine Prinzip der Meistbegünstigung. Explizite Pflichten ergeben sich daraus ebenfalls nicht.

Die Transitregelungen in Artikel 7 hingegen sind durchaus elaboriert, gehen über Artikel V des GATT (in dessen Rahmen Energiefragen nie ernsthaft diskutiert wurden[17]) hinaus und bilden ein zentrales Element des Vertrages.

Die Vertragsstaaten sind grundsätzlich verpflichtet, leitungsgebundenen Energietransit zu erleichtern. Geregelt werden insbesondere der Zugang zum Transit, die Zugangsbedingungen und die Unterbrechung bzw. Verringerung

16 S. *Liesen* (Fn. 2), 140 f.

17 *Selivanova*, The WTO and Energy - WTO Rules and Agreements of Relevance to the Energy Sector, 2007, 18 f.

des Transitflusses. Im Bezug auf Letzteres ist es zwar erlaubt, den Transit zu beeinflussen, wenn dies aufgrund der Sicherheit oder Effizienz der Netze notwendig ist. Der Transit darf aber nicht allein deshalb unterbrochen werden, weil es Streitigkeiten im Hinblick auf die Ausübung des Transits gibt (Art. 7 Abs. 6). Für die Beilegung solcher Streitigkeiten ist ein internationales Schlichtungsverfahren vorgesehen (Art. 7 Abs. 7).

Die Vertragsparteien haben nach Inkrafttreten des Vertrags zügig erkannt, dass die Transitvorschriften, z.B. im Hinblick auf die Regelung von Transittarifen, aufgrund ihrer Bedeutung einer weiteren Explikation bedürfen. Im Jahr 2000 wurden daher Verhandlungen für ein Transitprotokoll aufgenommen.[18] Bislang konnten diese Verhandlungen allerdings noch nicht erfolgreich abgeschlossen werden. Ein unveröffentlichter Entwurf aus dem Jahr 2002[19] ist das bislang einzige Ergebnis der seit nunmehr einigen Jahren suspendierten Verhandlungen. Insbesondere Russland sieht an vielen Stellen noch wesentlichen Gesprächsbedarf, weil aus seiner Sicht der Protokollentwurf die russischen Interessen, wie z.B. der Schutz vor illegaler Gasentnahme auf dem Territorium von Drittstaaten, bislang nicht adäquat abgebildet sieht.[20] Russland hat sogar zwischenzeitlich seine Ratifikation des Energiechartavertrages von einem erfolgreichen Abschluss der Protokollverhandlungen abhängig gemacht.[21]

4. *Zusammenfassung und Ausblick*

Zusammenfassend lässt sich im Hinblick auf das handelsrechtliche Regime des Energiechartavertrages festhalten, dass der Vertrag eine weitgehende Harmonisierung mit den Regeln der WTO erreicht. Für die WTO-Mitgliedsstaaten geht WTO-Recht immer vor. Für Nicht-WTO-Mitglieder gelten jedenfalls die wesentlichen Grundprinzipien. Dies lässt zwei Aussagen zu:

Erstens, mit dem Energiechartavertrag wird neben dem WTO-Regime für den Bereich der Energie zwar ein Paralleluniversum installiert – beide sind aber eng verknüpft. Der Energiechartavertrag hat damit eine wichtige Brückenfunktion, indem er wesentliche Elemente des WTO-Regimes auch für den Handel mit Nicht-WTO-Staaten zur Anwendung kommen lässt. Damit kann

18 *Bamberger/Linehan/Wälde*, The Energy Charter Treaty, in: Roggenkamp/Redgwell/Rønne/del Guayo (Hrsg.), Energy Law in Europe, The Energy Charter Treaty, Rn. 4.112; *Karl* (Fn. 8), Rn. 28; *Scholten*, RdE 2004, 85 (90).

19 Vgl. Darstellung im Überblick bei *Liesen* (Fn. 2), 144 f.

20 Zur russischen Verhandlungsposition s. *Scholten* (Fn. 18), a.a.O.

21 Dies ist angesichts der aktuellen Geschehnisse – Russland hat offiziell angekündigt, den Energiechartavertrag nicht zu ratifizieren (s. nachfolgenden Abschnitt) – überholt und wird den Abschluss des Transitprotokolls möglicherweise beschleunigen, die Bedeutung des Protokolls aber auch schmälern. Es ist auch nicht auszuschließen, dass der Protokollentwurf damit Makulatur wird.

und soll den entsprechenden Staaten ein künftiger WTO-Beitritt erleichtert werden.[22]

Zweitens hat der Energiechartavertrag durch spezifische energiehandelsrechtliche Regelungen dort, wo keine oder lediglich für unzureichend erachtete WTO-Regelungen existieren, eine wichtige Ergänzungsfunktion. Energie ist kein Produkt wie jedes andere auch. Energie ist Grundvoraussetzung für das Funktionieren einer Volkswirtschaft, sie ist – meist jedenfalls – netzgebunden und damit von Netzzugang abhängig, in nicht wenigen Fällen dominieren natürliche Monopole und zuletzt hat Energie eine hohe Umweltrelevanz, sowohl in Bezug auf die Produkte selbst als auch auf ihre Verwendung.

Das lässt bei unbefangener Betrachtung den Schluss zu, dass die Bedeutung des Energiechartavertrages im Bereich des Welthandels nicht abnehmen wird, sondern möglicherweise noch zu, insbesondere dann, wenn es gelingt, vor allem noch weitere Erzeugerländer vom Beitritt zum Vertrag zu überzeugen. Da die globalen Öl- und Gasressourcen außerdem in absehbarer Zeit knapper werden, der Energieverbrauch mittelfristig jedoch wohl noch zunehmen wird, werden Regelungen zum internationalen Energiehandel unverzichtbar bleiben. Gleichwohl stellt sich im Lichte aktueller Entwicklungen die Frage, ob der notwendige Rechtsrahmen zwangsläufig durch den Energiechartavertrag geprägt werden wird. Russland hat sich am 20. August 2009 entschieden, die Ratifikation des Energiechartavertrages nicht mehr anzustreben. Damit entfällt die nach Art. 45 Energiechartavertrag vorgesehene weitreichende vorläufige Anwendbarkeit (*provisional application*) des Vertragsregimes gemäß Art. 45 Abs. 3 lit a Energiechartavertrag nach Ablauf von 60 Kalendertagen. Seit dem 18. Oktober 2009 ist damit für Russland jede Geltung des Energiechartavertrages ausgeschlossen – ob dies auch bedeutet, dass das bedeutendste Erzeugerland des eurasischen Kontinents auch institutionell aus dem Energiecharta-Prozess ausscheidet, ist noch offen.[23]

Inwieweit dies die praktische Bedeutungslosigkeit des Energiechartavertrags zur Folge haben wird, kann derzeit noch nicht endgültig beantwortet werden.[24] Ein Gutteil der Bedeutung und der Dynamik des Energiechartaprozesses bestand allerdings gerade darin, – auch im Hinblick auf die Verhandlungen zum Transitprotokoll – auf eine Ratifizierung des Energiechartavertrags durch Russland hinzuwirken.[25] Diese Dynamik wird sich nun deutlich abschwächen; denkbar ist außerdem, dass die angekündigten diplomatischen Bemühungen Russlands zur Belebung alternativer Diskussions- und Rechts-

22 *Karl*, (o. Fn. 8), Rn. 24.

23 Russland könnte etwa einen Beobachterstatus reklamieren. Der Energiechartavertrag trifft jedenfalls – abgesehen von der Beendigung der vorläufigen Anwendbarkeit – dazu keine Regelung.

24 So aber *Westphal*, Der langsame Tod der Energiecharta, Handelsblatt v. 4.10.2009, 5.

25 S. zu diesen Bemühungen *Scholten* (Fn. 18), 90 f.

setzungsprozesse andere Foren möglicherweise auch für dritte Staaten attraktiver macht. Die nächsten ein bis zwei Jahre werden zeigen, ob es dem Energiechartavertrag gelingt, den Fall in die faktische Bedeutungslosigkeit aufzuhalten.

D. Das Protokoll über Energieeffizienz und damit zusammenhängende Umweltaspekte

Ein zweiter wichtiger Bestandteil der Untersuchung über die aktuelle Bedeutung des Energiechartavertrages soll im Folgenden das derzeit einzige Protokoll zum Energiechartavertrag sein. Das Protokoll über Energieeffizienz und damit zusammenhängende Umweltaspekte[26] (im Folgenden: Energieeffizienz-Protokoll) schlägt begrifflich einen verheißungsvollen Bogen zu den im Rahmen des Außenwirtschaftsrechtstages behandelten Themen. Energieeffizienz ist zudem ein Begriff, der eine eindrucksvolle Karriere im politischen Raum gemacht hat und aus heutigen Energie-, Umwelt- und Klimadebatten nicht mehr wegzudenken ist.

Protokolle zu Verträgen sind völkerrechtlich eigenständige Instrumente, die dazu dienen, bestimmte in völkerrechtlichen Verträgen vorgesehene Regelungen zu konkretisieren oder zu flankieren. Im Regelfall können sie nur von Mitgliedsstaaten des jeweiligen Mutterabkommens ratifiziert werden.

Unbeschadet ihres verbindlichen völkerrechtlichen Charakters, kommt es für ihre konkrete rechtliche Bedeutung doch immer auch auf die spezifischen Regelungen an, die ein Protokoll jeweils enthält. Eine nähere Analyse ist daher auch mit Blick auf das Energieeffizienz-Protokoll lohnend. Zunächst soll der Regelungsgehalt des Protokolls und der Rechtscharakter seiner Vorschriften untersucht werden. In diesem Zusammenhang ist auch von Interesse, was die Mitgliedsstaaten des Energiechartavertrags bewog, 1994 ein Protokoll mit dem Fokus auf Energieeffizienz auszuhandeln. Am wichtigsten aber ist die Frage, welchen Beitrag das Protokoll aktuell noch leisten kann das Thema Energieeffizienz weiter zu befördern.

I. Konzeption des Energieeffizienz-Protokolls

Seine inhaltliche Basis findet das Protokoll in Art. 19 Energiechartavertrag, der die Mitgliedsstaaten dazu anhält, der Verbesserung der Energieeffizienz besonderes Augenmerk zu schenken.

26 BGBl. 1998 II, 102.

Der Begriff der Energieeffizienz wurde und wird in der politischen, ökonomischen und juristischen Diskussion unterschiedlich definiert. Art. 19 Abs. 3 lit c) Energieeffizienz-Protokoll [27] enthält eine Legaldefinition, nach der eine Verbesserung der Energieeffizienz zu verstehen ist als Maßnahme, mit der es gelingt, einen unveränderten mengenmäßigen Ertrag ohne Qualitäts- oder Leistungseinbuße zu erhalten, wobei gleichzeitig die zur Erreichung dieses Ertrags eingesetzte Energiemenge reduziert wird.

Die Zielrichtung des Protokolls ist eindeutig. Verbesserungen der Energieeffizienz sollen vorrangig über ökonomische Anreize erreicht werden. Die Mitgliedsstaaten verpflichten sich in Art. 3 des Protokolls, einen Rechtsrahmen zu schaffen, damit u.a. die Umweltkosten adäquater in Produktkosten abgebildet werden. Außerdem sollen Programme entwickelt werden, um die Sensibilisierung für die Relevanz des Themas Energieeffizienz in den Mitgliedsstaaten voran zu treiben. Das Protokoll schafft zudem einen institutionellen Rahmen, in dem die Fortschritte der Mitgliedsstaaten einem Monitoring-System unterworfen werden.

Diese Schlaglichter deuten an, welchen Rechtscharakter die Regelungen im Protokoll haben. Obschon das Protokoll an sich ein völkerrechtlich verbindliches Übereinkommen ist, entfalten die darin enthaltenen Regelungen letztlich keine rechtliche Verbindlichkeit. Die Mitgliedsstaaten sollen bestimmte Prozesse „unterstützen", Strategien „formulieren" und zur Anwendung innovativer Finanzierungsmethoden „ermuntern". Verbindliche, nachprüfbare Rechtspflichten lassen sich daraus nicht ableiten.

Gleichwohl ist es bemerkenswert, dass dem Energiechartervertrag, dessen eindeutiger Schwerpunkt auf Regelungen zum Handel und zum Investitionsschutz liegt, ein Protokoll zur Energieeffizienz beigefügt wurde. Aus der Genese des Protokolls lässt sich entnehmen, dass es Ziel des Protokolls war und ist, die osteuropäischen Staaten dazu zu bringen, bestimmte Effizienzanstrengungen zu unternehmen, die in den westlichen Staaten vermeintlich schon in den 1970er Jahren etabliert wurden. Das legt den Schluss nahe, dass mit dem Protokoll vor allem die Schonung endlicher (und knapper) Energieressourcen durch die Verbesserung maroder Erzeugungs- und Transportinfrastruktur angestrebt wurde. Insoweit lässt sich – insbesondere mit Blick auf Investitionsmaßnahmen – eine Verbindung zum Mutterabkommen erkennen.

Wenngleich das Energieeffizienz-Protokoll in der öffentlichen Wahrnehmung so gut wie keine Resonanz erfahren hat, konnte der dadurch installierte institutionelle Rahmen mit der Erarbeitung von praktischer Hilfestellung durch verschiedene Arbeitsgruppen doch dazu beitragen, vor allem in den osteuro-

27 Die Definition findet sich wortgleich in Art. 2 Abs. 6 des Energieeffizienz-Protokolls.

päischen Staaten überhaupt erst ein gewisses Verständnis für den Stellenwert der Energieeffizienz herzustellen.[28]

II. Energieeffizienz als Kern zukünftiger Energiepolitik

Heutzutage wird die Zielrichtung einer auf die Steigerung von Energieeffizienz ausgerichteten Politik insbesondere vor dem Hintergrund der Klimapolitik definiert und deshalb viel umfassender verstanden.[29] Auf EU-Ebene wurde diese Zweckbindung spätestens mit dem „Grünbuch über Energieeffizienz“[30] vernehmlich artikuliert. Die Frage der Energieeffizienz wird – diese These darf gewagt werden – zu enormen Umwälzungen sowohl im Bereich des Transports als auch im Bereich der Verteilung von Energie führen. Ausgehend von einer Reduzierung im Verbrauch werden insbesondere die Gas- und Stromnetze betroffen sein. Hält man sich die ambitionierten politischen Ziele (wie etwa die politisch viel diskutierte Vision „CO_2-freie Stadt“ bis 2040) vor Augen, wird deutlich, dass insofern kleinere Effizienzverbesserungen nicht ausreichen werden.

Unter den Vorzeichen sich dramatisch intensivierender Klimaschutzmaßnahmen wird sich ein völlig neues Regelungsgeflecht etablieren, dass Fragen der Emissionsreduzierung, der Energieeffizienz und der Nutzung erneuerbarer Energien nicht mehr als sektoral getrennte, sondern als einheitliche Regelungsmaterie verstehen wird. Erkennbar wird dies u.a. an den EU-Klimaschutzzielen (sog. „20-20-20-Ziele“),[31] die als Grundlage künftiger Rechtssetzung die Einsparung von 20% CO_2, einen Anteil von 20% Erneuerbaren Energien an der Stromerzeugung und eine Steigerung der Energieeffizienz um 20% jeweils bis zum Jahr 2020 vorsehen.

Das Energieeffizienz-Protokoll hingegen erwähnt die globale Erwärmung in der Präambel des Protokolls gemeinsam, z.B. mit dem Problem der Versauerung von Böden, eher nebenbei als eine von vielen negativen Umweltauswirkungen ineffizienten Energieverbrauchs. Dies deutet an, welche grundlegende Differenz insofern zu einem holistischen Klimaschutzansatz besteht.

Vor allem stellt sich die Frage, ob die Grundannahme des Energieeffizienz-Protokolls, Energieeffizienz sei allein durch ökonomische Anreize zu steigern, noch richtig ist bzw. sich in den sich abzeichnenden Energieeffizienz-

28 S. Überblick bei *Energy Charter Secretariat* (Hrsg.), Energy Efficiency, abzurufen unter <http://www.encharter.org/index.php?id=4&L=0>; letzter Aufruf am 2. Dezember 2009, mit weiterführenden Links zu Berichten der Arbeitsgruppen und zu Länderberichten.

29 Vgl. Beitrag von *Kunhenn* in diesem Tagungsband. Überblick über den Instrumentenmix im deutschen Recht bei *Schomerus*, NVwZ 2009, 418 (419 ff.).

30 KOM(2005) 265 endg.

31 KOM(2008) 30 endg.

Regimen noch abbilden lässt. Es drängt sich der Eindruck auf, dass die derzeitige Energieeffizienz-Debatte immer stärker regulierungsgeleitet ist und damit in der Tendenz mit den Regelungen des Energieeffizienz-Protokolls nur schwer in Einklang zu bringen ist.

Dies zeigen insbesondere die Rechtsetzung und die entsprechenden Initiativen der EU in diesem Bereich. Da ist zum einen die Gebäuderichtlinie,[32] die verbindliche Energieeinspar- und -effizienzvorgaben macht und derzeit novelliert wird,[33] zum anderen die Ökodesign-Richtlinie[34] sowie die Energieeffizienz-Richtlinie,[35] die klare Regelungen für die verschiedenen Marktteilnehmer von Netzbetreiber bis Lieferant enthält.[36] Ferner gilt es insbesondere die Ziele der schwedischen Ratspräsidentschaft zu beachten, die ein großes Energieeffizienzpaket geschnürt hat, das u.a. eine verbindliche 20%-Steigerung der Energieeffizienz als Ziel für alle Mitgliedsstaaten vorsieht.

Diese EU-Vorgaben sind geprägt von der Erfahrung, dass die Marktmechanismen nicht die gewünschten Auswirkungen gezeitigt haben. Deshalb wird nun vermehrt auf ein ordnungsrechtlich geprägtes Instrumentarium zurückgegriffen. Überdeutlich wird dies am Beispiel des Glühbirnenvermarktungsverbots, das auf Grundlage der Ökodesign-Richtlinie im September 2009 in seine erste Phase getreten ist.[37] Nachdem der Umstieg auf die für insgesamt umwelt- und klimafreundlicher gehaltenen Energiesparlampen durch Marktanreize nicht wie gewünscht erfolgt ist, wird den Verbrauchern nunmehr durch klare Vermarktungsverbote jede Entscheidungsmöglichkeit genommen. Eine Maßnahme, die wohl nicht zuletzt deshalb so viel Wirbel erzeugt hat, weil sie eine eindeutige und ohne jede Ausweichmöglichkeit umsetzbare Maßnahme darstellt.[38] Daraus lässt sich m. E. allein schließen, dass der Druck, Ordnungsrecht zu nutzen, um schnelle Kurskorrekturen durchzusetzen umso stärker wachsen wird, je drängender die naturwissenschaftlichen Erkenntnisse über den Klimawandel und das ggf. kleiner werdende Zeitfenster für entsprechende Reaktionen wird.[39]

32 Richtlinie 2002/91/EG vom 04.01.2003, ABl. EU L 1/65.

33 S. Pressemitteilung des Bundesministeriums für Wirtschaft und Technologie vom 20.11.2009. Kommissionsvorschlag in KOM (2008) 780 endg.

34 Richtlinie 2005/32/EG vom 6.7.2005, ABl EU L 191/26

35 Richtlinie 2006/32/EG vom 5.4.2006, ABl. L 114/64.

36 Kritik am Entwurf der Richtlinie bereits bei *Ehricke*, IR 2005, 2 (4 f.). Zur einstweilen gescheiterten Umsetzung in deutsches Recht s. *Kachel*, ZUR 2009, 281(282), sowie *Scholten*, RdE 2009, 321.

37 Scharfe Kritk daran bei *Wegener*, ZUR 2009, 169 (170).

38 S. dazu *Wustlich*, ZUR 2009, 515 (521).

39 Der neue Bundesumweltminister *Röttgen* spricht bezüglich des zukünftig notwendigen Rechtsregimes von einer „marktwirtschaftlichen Ordnungspolitik [...], die für Investitionen zugunsten des Klimaschutzes und nachhaltiger Entwicklung einen stabilen Rahmen schafft.“, vgl. FAZ v. 2.12.2009, „Klimaschutz als Weltinnenpolitik“, 8.

Hinzu kommt als weitere Facette, dass die EU nach dem Inkrafttreten des Lissabon-Vertrags[40] eine explizite Kompetenz zur Regelung des Politikbereichs „Energie" in Art. 194 Abs. 1 AEUV erhält.[41] Die neue Energiekompetenz umfasst u.a. die Förderung von Energieeffizienz und von Energieeinsparungen. Die bisherigen Rechtsakte im Energiebereich haben sich entweder auf die Kompetenz im Bereich Umwelt (wie etwa die Ökodesign-Richtlinie und auch die Elektrizitäts- und Gasbinnenmarkt-Richtlinien als Grundlage des deutschen EnWG) oder zur Schaffung eines einheitlichen Binnenmarkts (z.B. die Energieeffizienz-Richtlinie) gestützt. Nunmehr können Rechtsakte erlassen werden, die originär Energie- und Energieeffizienzrecht betreffen, was einen umfassenderen Rechtssetzungsansatz ermöglicht.[42]

III. Zukunftsfähigkeit des Energieeffizienz-Protokolls

Im Lichte der dargestellten Rechtsentwicklungen im Bereich der Energieeffizienz stellt sich die Frage, inwiefern die Regelungen des Energieeffizienz-Protokolls mit den sich zunehmend etablierenden Regulierungsansätzen in Einklang bringen lassen. Nur dann kann das Energieeffizienz-Protokoll auch zukünftig eine gewisse Relevanz entfalten.

Grundsätzlich ist das Energieeffizienz-Protokoll so offen formuliert, dass verschiedene Rechtssetzungs- und Regulierungsansätze zur Umsetzung möglich sind. Mit seinem Fokus auf eine ökonomische Steuerung beschränkt sich das Protokoll allerdings auf Anreizsysteme und blendet die (partielle) Verwendung ordnungsrechtlicher Vorgaben aus. Es ist daher schwer vorstellbar, dass es noch eine innovative Funktion erfüllt, die die Errichtung ausgeprägter, auf Klimaschutz ausgerichteter Energieeffizienz-Regime induzieren kann. Der von ihm vorgegebene institutionelle Rahmen wird aber möglicherweise eine gewisse Unterstützung für die Staaten außerhalb der EU sein können, durch den multilateralen Austausch mit den technischen Entwicklungen schritt zu halten und diese in ihrer Rechtssetzung abzubilden.

Langfristig wird es jedoch nicht ausreichen, im Rahmen des Üblichen Fragen der Energieeffizienz gleichsam als Additiv zu behandeln, das gewisse ökonomische Vorteile bietet, aber eben auch nur auf die Perfektionierung des Vorhandenen setzt. Die Gefahren eines sich verstetigenden Klimawandels werden einschneidende Maßnahmen notwendig machen, die sich nicht nur in der Anpassung von Anreizsystemen niederschlagen werden, sondern

40 Vertrag von Lissabon zur Änderung des Vertrags über die Europäische Union und des Vertrags zur Gründung der Europäischen Gemeinschaft, unterzeichnet in Lissabon am 13. Dezember 2007, ABl. EU C 306/01.

41 S. dazu *Ehricke/Hackländer*, ZEuS 2008, 579 (590 f.).

42 Die Einrichtung einer Generaldirektion Klimaschutz bei der Europäischen Kommission wird wohl ihr Übriges dazu beitragen.

insbesondere auch in expliziten Anforderungen für Effizienzvorgaben in allen Wertschöpfungsstufen, also sowohl im Bereich Erzeugung, als auch bei Transport und Verbrauch von Energie.

Ein auf den ersten Blick marginal anmutender Unterschied in der Begriffsdefinition von Energieeffizienzverbesserung im Energieeffizienz-Protokoll einerseits und in der EU-Energieeffizienz-Richtlinie andererseits mag dies illustrieren. Im Energieeffizienz-Protokoll wird – wie oben bereits angemerkt – eine solche Verbesserung als unveränderter mengenmäßiger Ertrag *ohne gleichzeitige Qualitäts- oder Leistungseinbuße* qualifiziert. Die Energieeffizienz-Richtlinie hingegen definiert eine Energieeffizienzverbesserung in Art. 3 lit c) als „Steigerung der Energieeffizienz durch technische, wirtschaftliche und/oder Verhaltensänderungen". Augenfällig ist dabei, dass die beiden Regime gänzlich unterschiedliche Ansätze wählen. Während im Energieeffizienz-Protokoll eine Effizienzverbesserung notwendig ohne Folgen für die Qualität, sprich: die Lebensqualität bleiben muss, geht die Richtlinie geradezu selbstverständlich davon aus, dass eine Effizienzverbesserung nicht gleichsam vom Himmel fällt, sondern eine Verhaltensänderung der Verbraucher bedingt, wobei Qualitätseinbußen, wie immer Qualität auch bemessen wird, nicht ausgeschlossen sind.

In der Zusammenschau zeigt sich, dass der Ansatz des Energieeffizienz-Protokolls nicht mehr dem Stand der aktuellen Regulierungsansätze im Bereich der Energieeffizienz entspricht. Insofern scheint eine Revision des Protokolls dringend geboten. Dabei stellt sich aber die Frage, ob der Energiechartavertrag noch der adäquate institutionelle Rahmen ist, um Fragen der Energieeffizienz anzugehen. Dieses Themenfeld wird in vielen anderen Foren behandelt, sodass es angesichts der sonstigen vom Energiechartavertrag abgedeckten Problemkomplexe angezeigt erscheint, die geringen Ressourcen des *Energy Charta Secretariat* auf die Kernthemen des Vertrags, also Handel, Transit und Investitionsschutz zu konzentrieren.

E. Schluss

Die vorstehende Abhandlung beschränkte sich in der Darstellung aktueller Fragen im Zusammenhang mit dem Energiechartavertrag auf die Bereiche Energiehandel und Energieeffizienz. Auch auf Basis dieses eingeschränkten Fokus' lässt ich konstatieren, dass der Energiechartavertrag vor großen Herausforderungen steht. Wie die Mitgliedsstaaten auf diese Herausforderungen reagieren, wird maßgeblich seine zukünftige Relevanz bestimmen.

Die Erzeugung und Verteilung von Energie ist und bleibt ein sehr komplexes Unterfangen und gleichzeitig existenziell für Volkswirtschaften und Individuen. Das Regime des Energiechartavertrags ist ein Aspekt des vielfältigen (internationalen) energierechtlichen Regelungsgeflechts. Der mit dem Energiechartavertrag geschaffene multilaterale Rahmen sollte nicht leichtfertig aufgegeben werden. Gleichwohl wird sich die Frage seiner Existenzberechtigung stellen. Da Energiefragen immer stärker mit Fragen des Klimaschutzes verknüpft werden, an denen bereits eine erkleckliche Zahl internationaler Institutionen arbeitet, besteht die Gefahr, dass das Vertragssekretariat mit seinen beschränkten Ressourcen doppelte Arbeit macht und/oder Impulse Dritter nur noch nachvollzieht.

Mit der steigenden Zahl der WTO-Mitglieder wird zudem das spezifische Handelsregime des Energiechartavertrages letztlich auf wenige Anwendungsfälle beschränkt. Sollte es weiterhin nicht gelingen, die Verhandlungen über das Transitprotokoll wiederzubeleben, wäre das Regime des Energiechartavertrags damit im Wesentlichen auf die Investitionsschutzregelungen beschränkt.

Liberalisierung und Regulierung von Energiedienstleistungen auf multilateraler und bilateraler Ebene

RA Dr. Christian Pitschas, LL.M.,
MSBH Bernzen Sonntag Rechtsanwälte, Genf/Berlin

A. Einleitung

Energie und Klimawandel verhalten sich wie siamesische Zwillinge zueinander, denn sie sind untrennbar miteinander verbunden: Da der Verbrauch fossiler Energieträger primär ursächlich ist für den Klimawandel,[1] sind eine effizientere Nutzung fossiler Energieträger und der breitere Einsatz erneuerbarer Energien unverzichtbar, um dem Klimawandel erfolgreich entgegenzuwirken. Energiedienstleistungen können dazu einen wesentlichen Beitrag leisten.

Innerhalb der EU machen energiebedingte CO_2-Emissionen 80% aller Emissionen aus.[2] Zwar sanken die CO_2-Emissionen aus der öffentlichen Strom- und Wärmeerzeugung in der EU zwischen 1990 und 2005 um rund 18%, aber weltweit war im gleichen Zeitraum ein gegenläufiger Trend zu beobachten, und zwar v.a. in den sog. Schwellenländern.[3] Im globalen Maßstab erscheint ein erheblicher Anstieg des Primärenergieverbrauchs bis zum Jahr 2030 sehr wahrscheinlich, wobei fossile Brennstoffe nach wie vor einen hohen Anteil am Energiemix haben werden.[4]

---

1 Siehe *International Energy Agency* (IEA), World Energy Outlook 2009 (Executive Summary), 3.

2 Siehe *Europäische Umweltagentur* (EUA), Energie- und Umweltbericht Nr. 6/2008 (Zusammenfassung), 3.

3 *EUA-Bericht* Nr. 6/2008 (Fn. 2), 8.

4 Die *IEA* (Fn. 1), 4, geht für das Referenzszenario (d.h. eine statische Energiepolitik ohne Anpassung an die Herausforderungen durch den Klimawandel) von einer fortdauernden Dominanz fossiler Brennstoffe und einem Anstieg des Primärenergieverbrauchs bis zum Jahr 2030 von insgesamt 40% aus, mit erheblichen nachteiligen Folgen sowohl für das Klima als auch die Energieversorgungssicherheit, ebenda, 6. Auch bei einer Verbesserung der Energieeffizienz sowie einer größeren Verbreitung erneuerbarer Energien wird die Abhängigkeit der EU von Einfuhren fossiler Brennstoffe, vor allem Gas, bis zum Jahr 2030 signifikant zunehmen, *EUA-Bericht* Nr. 6/2008 (Fn. 2), 5.

Angesichts dessen bedarf es geeigneter Maßnahmen, um eine signifikante Verringerung von CO_2-Emissionen zu erreichen. Eine solche Emissionsminderung kann insbesondere auf drei Ebenen erzielt werden:

- durch eine *Verminderung der Energieintensität*,
- durch eine *Verbesserung der Energieeffizienz*,[5] und
- durch eine *Veränderung des Energiemix*, insbesondere aufgrund eines erhöhten Anteils erneuerbarer Energien.

Energiedienstleistungen kommen auf allen diesen drei Ebenen zum Tragen,[6] da sie entlang der gesamten *Energiewertschöpfungskette* zum Einsatz gelangen: von der Erkundung, Entwicklung, Gewinnung, Produktion, dem Transport, der Verteilung, Vermarktung und dem Verbrauch, einschließlich der Beratung, von Energie sowie dem Bau und Erhalt der physischen Energienetz-Infrastruktur.[7]
Schließlich ist zu bedenken, dass die Sicherstellung der Energieversorgung zu vertretbaren Preisen – auch durch die Erbringung von Energiedienstleistungen – wesentlich ist für die Wettbewerbsfähigkeit der energieverbrauchenden Industrie.[8]

5 Ca. 25% der Primärenergie gehen entlang der Energiewertschöpfungskette verloren, d.h. bei der Erzeugung, dem Transport und der Verteilung von Energie, siehe *EUA-Bericht* Nr. 6/2008 (Fn. 2), 6. Allein an diesem Umstand zeigt sich das Potenzial einer verbesserten Energieeffizienz. Laut *IEA* (Fn. 1), 8, kommt einer verbesserten Energieeffizienz das größte Potenzial für eine Emissionsminderung zu, wobei die IEA hierzu auch eine Veränderung des Energiemix durch einen erhöhten Einsatz von Nuklearenergie und erneuerbaren Energien zählt. Die Energieeffizienz nimmt daher auch einen hohen Stellenwert in der Strategie der Europäischen Kommission für das „Europa 2020“ ein, siehe die Pressemitteilung IP/10/225 vom 3.3.2010. Vgl. zum Thema Energieeffizienz auch *The Economist*, Energy Efficiency, 10. Mai 2008, 74 ff.

6 So auch der stellvertretende WTO-Generaldirektor *Yerxa*, “Benefits of more open trade on the environment”, UK Public Interest Environmental Law Conference, London, 26.03.2010, abrufbar unter: http://www.wto.org/english/news_e/news10_e/envir_26mar10_e.htm.

7 Siehe *Selivanova*, The WTO and Energy. WTO Rules and Agreements of Relevance to the Energy Sector (ICTSD Trade and Sustainable Energy Series Issues Paper No. 1, 2007), 20. Siehe spezifisch zu Energiedienstleistungen in den Öl- und Gasmärkten *Musselli/Zarrilli*, Oil and Gas Services: Market Liberalization and the Ongoing GATS Negotiations, 8(2) JIEL 2005, 555.

8 Die Kommission hat aufgrund einer zweiten Überprüfung der EU-Energiestrategie in einer Mitteilung an das EP, den Rat, den Europäischen Wirtschafts- und Sozialausschuss sowie den Ausschuss der Regionen einen EU-Aktionsplan für Energieversorgungssicherheit und –solidarität vorgeschlagen, KOM(2008) 781 endgültig, 13.11.2008. Das deutsche Bundesministerium für Wirtschaft und Technologie spricht vom „Zieldreieck von Versorgungssicherheit, Wirtschaftlichkeit und Umweltverträglichkeit“, siehe: http://www.bmwi.de/BMWi/Navigation/Energie/europaeische-energiepolitik.html (abgerufen am 31. März 2010). Vgl. auch „Osteuropa fehlt das Geld für Energieprojekte“, FAZ vom 22.12.2009, 12.

B. Hauptteil

I. Multilaterale Ebene

1. Status Quo im Rahmen der WTO

*a) Der **status quo** im Rahmen der WTO zeichnet sich durch zwei Problemkreise aus:*

- zum einen das Fehlen eines *eigenen* Sektors für Energiedienstleistungen, und
- zum anderen der geringe Grad an spezifischen (Marktzugangs- und Inländerbehandlungs-) Verpflichtungen der WTO-Mitglieder für Energiedienstleistungen und -dienst-leistungserbringer.[9]

Die Dienstleistungsklassifizierungsliste der WTO[10] kennt keinen eigenen Sektor für Energiedienstleistungen.[11] Stattdessen sind einzelne Energiedienstleistungen anderen Dienstleistungssektoren zugeordnet. Dabei handelt es sich v.a. um folgende Sektoren bzw. Untersektoren: (i) Transport, (ii) Vertrieb, (iii) Bau- und Ingenieurwesen sowie (iv) andere gewerbliche Dienstleistungen, wie bspw. technische Untersuchung und Analyse und Dienstleistungen i.V.m. Bergbau und Energieverteilung.[12]

Die überwiegende Zahl an spezifischen (Marktzugangs- und Inländerbehandlungs-) Verpflichtungen bezüglich Energiedienstleistungen und -dienstleistungserbringer stammt von solchen WTO-Mitgliedern, die der WTO *nach* ihrer Gründung beigetreten sind. Dabei ergibt sich in den für Energiedienstleistungen wesentlichen drei Untersektoren folgendes Bild:[13]

- 43 WTO-Mitglieder haben spezifische Verpflichtungen für den Untersektor Bergbau übernommen, wobei diese Verpflichtungen i.d.R. keine Beschränkungen des Marktzugangs oder der Inländerbehandlung beinhalten;

---

9 Siehe hierzu den Überblick der WTO zu „Energy services“, abrufbar unter: http://www.wto.org/english/tratop_e/serv_e/energy_e/energy_e.htm.

10 MTN.GNS/W/120 vom 10. Juli 1991.

11 *Delimatsis*, Financial innovation and climate change: the case of renewable energy certificates and the role of the GATS, 8 (3) World Trade Review 2009, 451; *Evans*, "Strengthening WTO Member Commitments in Energy Services: Problems and Prospects", in: Domestic Regulation & Service Trade Liberalization (hrsg. von Mattoo/Sauvé, 2003), 174.

12 Siehe *Energy Services*, Background Note by the WTO Secretariat (S/C/W/52, 1998), Rn. 10.

13 Siehe hierzu den Überblick bei *Cossy*, „The liberalization of energy services: are PTAs more energetic than the GATS?“, in: Opening Markets for Trade in Services. Countries and Sectors in Bilateral and WTO Negotiations (hrsg. von Marchetti/Roy, 2008), 416 ff.

- 17 WTO-Mitglieder sind spezifische Verpflichtungen für den Untersektor Energieverteilung eingegangen; diese Verpflichtungen weisen nur relativ wenige Marktzugangs- bzw. Inländerbehandlungsbeschränkungen auf;
- 10 WTO-Mitglieder haben spezifische Verpflichtungen hinsichtlich des Rohrleitungstransports von Brennstoffen übernommen, die lediglich wenige Beschränkungen des Marktzugangs bzw. der Inländerbehandlung umfassen.

Erwähnenswert ist ferner, dass 53 bzw. 52 WTO-Mitglieder spezifische Verpflichtungen für den Groß- bzw. den Einzelhandel mit Brennstoffen eingegangen sind.[14]

b) Die zuvor benannten Problemfelder im Bereich der Energiedienstleistungen lassen sich im Kern auf zwei tragende Gründe zurückführen.

Energieunternehmen der WTO-Mitglieder waren traditionell (bzw. sind häufig nach wie vor) *vertikal integrierte* – und zudem oftmals staatlich dominierte oder beeinflusste – Unternehmen, welche die gesamte Energiewertschöpfungskette „in-house“ betrieben, weshalb kein bzw. nur ein marginaler Raum für den Handel mit Energie und den Wettbewerb zwischen verschiedenen Energieunternehmen bestand.[15] Dementsprechend gering war die Aufmerksamkeit, welche die WTO-Mitglieder den Energiedienstleistungen während der Uruguay-Runde geschenkt haben.

Zudem wollten die WTO-Mitglieder die Verfügungsgewalt über ihre *natürlichen Ressourcen* beibehalten bzw. ihre Regulierungshoheit darüber nicht einschränken, insbesondere mit Blick auf die Versorgungssicherheit, den Umweltschutz und öffentliche (Universal-)Dienstleistungspflichten.[16]

2. Veränderungen im Energiesektor seit Beendigung der Uruguay-Runde

Seit Beendigung der Uruguay-Runde hat der Energiesektor ganz erhebliche Veränderungen erfahren, die einerseits durch einen *Liberalisierungsprozess* und andererseits durch *technischen Fortschritt* ausgelöst wurden.

a) Der seit dem Ende der Uruguay-Runde eingetretene Liberalisierungsprozess im Energiesektor verdankt sich zuvorderst dem sog. „unbundling“.[17]

14 Siehe *Cossy* (Fn. 13), 417 f.

15 *Energy Services* (Fn. 12), Rn. 3; „Communication from the United States. Energy Services“ (S/CSS/W/24, 18.12.2000), Rn. 4. Siehe auch *Delimatsis* (Fn. 11), 451.

16 Vgl. WTO-Generaldirektor *Lamy*, „WTO culture of international trade cooperation is relevant to the energy sector“, Energy, Trade and Global Governance, Genf, 22.10.2009, abrufbar unter: http://www.wto.org/english/news_e/sppl_e/sppl139_e.htm.

17 Siehe *Energy Services* (Fn. 12), Rn. 6; siehe auch *Delimatsis* (Fn. 11), 451.

Damit ist die (nicht notwendigerweise zwangsweise bzw. durch regulatorische Eingriffe bewirkte) *Entflechtung* von vormals vertikal integrierten Energieunternehmen gemeint, die v.a. darin besteht, die Erzeugung von Energie und den Netzbetrieb zu trennen sowie Monopol- und Ausschließlichkeitsrechte zu entziehen bzw. aufzugeben.[18] Dieser Vorgang hat zur Folge, dass bislang „in-house" erbrachte Dienstleistungen nunmehr zunehmend von miteinander im Wettbewerb stehenden (privaten) Anbietern erbracht werden.[19]

b) Unablässig steigende Energiepreise haben darüber hinaus die Entwicklung neuer Technologien gefördert, die eine effizientere Ausbeutung schon bekannter Energievorhaben erlauben bzw. es ermöglichen, neue Energievorhaben und -quellen zu erschließen.[20] Das wiederum führt zur Entstehung neuer Dienstleistungen, z.B. in den Bereichen Erkundung, Bohrung und Förderung. Hinzu treten neue Dienstleistungen, die darauf ausgerichtet sind, den Transport, die Speicherung und die Verteilung von Strom zu optimieren.[21]

c) Eine Sonderstellung nehmen in diesem Zusammenhang der Transport und die Verteilung von Energie ein. Die hierfür erforderliche physische Netzwerk-Infrastruktur bildet quasi ein *natürliches Monopol*, v.a. wegen der mit

18 Siehe beispielhaft das MEMO/07/15 der Europäischen Kommission „Energy sector competition inquiry – final report – frequently asked questions and graphics" (10.01.2007), 5. Siehe dort auch zu den wettbewerbsverzerrenden Auswirkungen der vertikalen Integration von Energieunternehmen, 6 f. Das italienische Energieunternehmen ENI hat der Europäischen Kommission jüngst weitgehende Zusagen angeboten, die darauf abzielen, verschiedene Beteiligungen im Bereich des internationalen Gasleitungssystems aufzugeben, MEMO/10/29 vom 04.02.2010. Kritisch zur Entflechtung als regulatorisches Instrument (des deutschen GWB) *Schwenn*, „Entflechtungsphantasien", FAZ vom 30.11.2009, 11; nicht grundsätzlich ablehnend äußerte sich hingegen der Vorsitzende der deutschen Monopolkommission *Haucap*, siehe „Unterstützung für Entflechtung", FAZ vom 01.04.2010, 13.

19 Siehe *Energy Services* (Fn. 12), Rn. 43; siehe auch „Communication from the European Communities and Their Member States. GATS 2000: Energy Services" (S/CSS/W/60, 23.03.2001), Rn. 2.

20 Am Rande ist hier hinzuweisen auf die Ausbeutung von „shale" Gasvorkommen, insbesondere in den USA und Kanada, durch den Einsatz neuer Technologien, siehe dazu *IEA* (Fn. 1), 12; siehe auch „Europe the new frontier in shale gas rush", FT vom 08.03.2010,19, und „A foot on the gas", FT vom 12.03.2010, 6.

21 Als Stichwort hat sich hierfür der Begriff "smart grids" (intelligente Stromnetze) herausgebildet, siehe *Köhn*, Das Stromnetz beginnt zu denken (http://www.faz.net, abgerufen am 30.09.2009); siehe auch „Siemens hofft auf Milliardenumsätze im Stromgeschäft", FAZ vom 16.12.2009, 17, „Von intelligenten Stromnetzen profitieren", FAZ vom 22.12.2009, 22, und „Industry looks to a green electric future", FT vom 10.12.2009, 6. Die USA wollen mehr als 8 Milliarden US Dollar in die Modernisierung ihres bundesweiten Stromnetzes investieren, siehe „Chu warns US set to lose out on clean energy", FT vom 28.10.2009, 4.

dem Bau dieser Infrastruktur verbundenen enormen Kosten.[22] Das hat die Liberalisierung insoweit erschwert bzw. gehemmt.[23]

3. Verhandlungen im Rahmen der Doha-Runde

Die WTO-Mitglieder sind bestrebt, im Rahmen der Doha-Verhandlungen über eine weiterreichende Liberalisierung des Dienstleistungshandels die vorstehend skizzierten Veränderungen und Entwicklungen im Energiesektor nachzuvollziehen.[24] Im Vordergund stehen insoweit zum einen Bemühungen, eine neue einheitliche Kategorie von Energiedienstleistungen zu schaffen (s.u. a), und zum anderen Bestrebungen, die WTO-Mitglieder zu neuen spezifischen Verpflichtungen betreffend den Marktzugang und die Inländerbehandlung von Energiedienstleistungen und Energiedienstleistungserbringern zu bewegen (s.u. b). Darüber hinaus geht es darum, regulatorische Prinzipien zu definieren, die eine pro-wettbewerbliche Ordnung des Energiedienstleistungsmarktes gewährleisten sollen (s.u. c).

a) Neue Klassifikationskategorie für Energiedienstleistungen?

Zu Beginn der Doha-Runde verfolgten verschiedene WTO-Mitglieder den Ansatz, Energiedienstleistungen in einer neuen einheitlichen Katgeorie zu klassifizieren. Einige WTO-Mitglieder wollten zwischen *Kern- und Nichtkernaktivitäten* unterscheiden:[25] Zu ersteren sollten die Gewinnung, Erzeugung, der Transport und die Verteilung (auf Groß- und Einzelhandelsebene) von Energie zählen. Andere WTO-Mitglieder verfolgten hingegen

---

22 Siehe *Cossy* (Fn. 13), 408. Die Anrainerstaaten der Nordsee planen eine Initiative für ein Hochspannungs-Gleichstrom-Kabelnetz unter der Nordsee, dessen Kosten in Höhe von geschätzt mehr als 30 Milliarden Euro mehrheitlich die europäischen Energieunternehmen und Netzbetreiber übernehmen sollen, siehe „Europas Norden treibt die Energiewende voran", Spiegel online vom 5.1.2010 (http://www.spiegel.de). Zehn europäische Energieunternehmen haben sich inzwischen zur Gruppe der „Friends of the super-grid" zusammengeschlossen in der Hoffnung, dass sich weitere Energieunternehmen dieser Gruppe anschließen werden, siehe „Energy groups team up to launch strategy for European ‚super-grid'", FT vom 8.3.2010, 17.

23 Zur Liberalisierung von Netzwerk-Infrastrukturdienstleistungen im Allgemeinen und im Energiesektor im Besonderen siehe *Geloso Grosso*, Liberalising Network Infrastructure Services and the GATS (OECD Trade Policy Working Paper No. 34, 2006). Vgl. auch *Dee/Findlay*, „Trade in Infrastructure Services: A Conceptual Framework", in: A Handbook on International Trade in Services (hrsg. von Mattoo/Stern/Zanini, 2008), 338 ff.

24 Siehe zu den Doha-Verhandlungen im Dienstleistungsbereich allgemein „Key stages in the negotiations", abrufbar unter: http://www.wto.org/english/tratop_e/serv_e/key_stages_e.htm.

25 Siehe „Communication from Japan. Negotiation Proposal on Energy Services. Supplement" (S/CSS/W/42/Suppl. 3, 4.10.2001), Rn. 12 f. Siehe hierzu auch *Selivanova* (Fn. 7), 21.

eine Einteilung, die sich an der *Energiewertschöpfungskette* orientierte und folgende Unterteilung zum Inhalt hatte:[26]

- Erkundung und Herstellung,
- Bau von Energieeinrichtungen,
- Netzgebundene Dienstleistungen,
- Lagerung und Vorhaltung,
- Verteilung,
- Endverbrauch und
- Abbau.

Beiden Ansätzen, Energiedienstleistungen in einer neuen einheitlichen Kategorie zu klassifizieren, war jedoch letztlich kein Erfolg beschieden. Das zeigte sich auch daran, dass die im Jahr 2006 im Rahmen der plurilateralen Verhandlungen gestellten *kollektiven Forderungen* einer Reihe von WTO-Mitgliedern nach spezifischen Verpflichtungen für bestimmte Dienstleistungssektoren keine neuen Klassifikationsvorschläge für Energiedienstleistungen enthielten.[27] Vielmehr bezogen sich diese Forderungen auf die bestehenden Sektoren gewerbliche Dienstleistungen, Baudienstleistungen und Vertriebsdienstleistungen und benannten für jeden dieser Sektoren energierelevante Untersektoren.[28]

b) Neue spezifische Marktzugangs- und Inländerbehandlungsverpflichtungen

Die Verhandlungen konzentrieren sich daher auf neue spezifische Verpflichtungen über den Marktzugang und die Inländerbehandlung für Energiedienstleistungen und -dienstleistungserbringer. Denn ungeachtet des vorangehend erwähnten Liberalisierungprozesses im Energiesektor besteht noch immer eine Vielzahl von Handelshemmnissen,[29] die idealiter durch die Eingehung neuer spezifischer Verpflichtungen seitens der WTO-Mitglieder abgebaut oder zumindest (in ihren handelsbeschränkenden Auswirkungen) verringert werden sollen.[30]

26 Siehe „Communication from the European Communities and Their Member States" (Fn. 19), Rn. 6. Siehe hierzu auch *Delimatsis* (Fn. 11), 452. Zur Klassifizierung von Energiedienstleistungen im Öl- und Gasbereich siehe *Musselli/Zarrilli* (Fn. 7), 562 ff.

27 Siehe allgemein zu den kollektiven Forderungen im Rahmen der plurilateralen Verhandlungen „Key stages in the negotiations" (Fn. 24) sowie „Plurilateral Services Negotiations Set to Start on 27 March", Bridges Weekly Trade News Digest, Vol. 10, No. 10, 22.3.2006.

28 Siehe „Energy services" (Fn. 9). Die kollektiven Forderungen bezogen sich *nicht* auf Rohrleitungsdienstleistungen für Brennstoffe.

29 Siehe dazu beispielhaft *Evans* (Fn. 11), 169 ff., *Selivanova* (Fn. 7), 25 ff.

30 Der EU-Aktionsplan für Energieversorgungssicherheit und -solidarität (Fn. 8) setzt auf eine „weitere Liberalisierung des Handels und der Investitionen im Energiesektor", 8.

Im Vordergrund steht dabei die Erbringung in Form der kommerziellen Niederlassung (Modus 3), aber auch die grenzüberschreitende Erbringung (Modus 1) und die Erbringung durch die Präsenz natürlicher Dienstleistungserbringer (Modus 4) spielen eine nicht unbedeutende Rolle.[31] Bedeutsam ist im hiesigen Kontext, dass spezifische Verpflichtungen dem Prinzip der *technologischen Neutralität* folgen sollten, um den Einsatz der für die Erbringung der betreffenden Energiedienstleistung bestmöglichen Technik sicherzustellen.[32]

Die für den Energiesektor *charakteristischen Handelsbarrieren* umfassen u.a.:[33]

- Monopol- und Ausschließlichkeitsrechte,
- Investitionsbeschränkungen,
- Verpflichtung zur Annahme bestimmter Gesellschaftsformen bzw. Organisationsstrukturen,
- Wohnsitz- und Nationalitätserfordernisse,
- Beschränkung der Zahl der Dienstleistungserbringer (auch anhand wirtschaftlicher Bedarfsprüfungen),
- komplexe und/oder diskriminierende Zulassungs- und Genehmigungserfordernisse sowie
- ein intransparentes Regulierungswerk.

Die bislang im Kontext der Doha-Runde von den WTO-Mitgliedern unterbreiteten Verpflichtungsangebote sind insgesamt eher enttäuschend, und zwar im Hinblick sowohl auf die Zahl der Verpflichtungsangebote an sich als auch deren jeweilige sachliche Reichweite (gemessen an der Zahl der von den Angeboten erfassten Sektoren bzw. Untersektoren sowie der angebotenen Liberalisierungszusagen).[34]

Immerhin haben die WTO-Mitglieder, die an der sog. „signalling conference" zum Abschluss der WTO-Ministerkonferenz im Juli 2008 teilgenommen haben, in Aussicht gestellt, ihre spezifischen Verpflichtungen in den für die Energiedienstleistungen relevanten Sektoren auszuweiten, bzw. sie haben ihr Interesse an einer solchen Ausweitung durch andere WTO-Mitglieder bekundet.[35]

31 Siehe *Cossy* (Fn. 13), 414; *Evans* (Fn. 11), 172; siehe auch *Energy Services* (Fn. 12), Rn. 35.

32 Siehe „Communication from the United States" (Fn. 15), Rn. 13.

33 Siehe „Communication from the European Communities and Their Member States" (Fn. 19), Rn. 9; „Communication from the United States" (Fn. 15), Rn. 7.

34 Siehe den Überblick bei *Cossy* (Fn. 13), 418 f.

35 Siehe den Bericht des Vorsitzenden des Doha-Verhandlungsausschusses, *Lamy*, „Services Signalling Conference" (JOB(08)/93, 30.07.2008), Rn. 40 f.

c) *Regulierungsprinzipien für den Handel mit Energiedienstleistungen*

Spezifische Verpflichtungen betreffend den Marktzugang und die Inländerbehandlung sind allein jedoch unzureichend, um die bestehenden Handelshemmnisse auf dem Markt für Energiedienstleistungen und –dienstleistungsanbieter effektiv zu überwinden. Das hängt sowohl mit der *Netzgebundenheit* des Transports und der Verteilung von Energie als auch mit der häufig fortbestehenden *Dominanz* ehemaliger Monopolunternehmen und deren oftmals bevorzugter Zugang zur Netzinfrastruktur zusammen.[36] Aus diesem Grund erscheint es geboten, regulatorische Prinzipien einzuführen, die eine *pro-wettbewerbliche Ordnung* des Energiedienstleistungsmarktes gewährleisten.[37]

In Anlehnung an das *Referenzpapier* für den Telekommunikationssektor[38] haben einige WTO-Mitglieder die folgenden *Regulierungsgrundsätze* ins Spiel gebracht, um einen diskriminierungsfreien und fairen wettbewerblichen Handel mit Energiedienstleistungen hevorzubringen:[39]

- ein transparentes Regelwerk für die Ausarbeitung und Durchsetzung von energiespezifischen Maßnahmen und Standards,
- ein diskriminierungsfreier Zugang zu und eine diskriminierungsfreie Zusammenschaltung mit Energienetzen,

---

36 Siehe *Cossy* (Fn. 13), 415; siehe auch *Almunia*, „Competition v Regulation: where do the roles of sector specific and competition regulators begin and end?", 5, Speech/10/121 vom 23.03.2010, abrufbar unter: http://ec.europa.eu/commission_2010-2014/almunia/index_en.htm.

37 Siehe *Evans* (Fn. 11), 177; siehe auch *Geloso Grosso* (Fn. 23), Rn. 6 und *Musselli/Zarrilli* (Fn. 7), 578 f. Vgl. auch „Communication from the European Communities and Their Member States" (Fn. 19), Rn. 4. Zu den unterschiedlichen Regulierungsmodellen, die verschiedene WTO-Mitglieder auf ihren einheimischen Energiemärkten angewandt haben siehe *Energy Services* (Fn. 12), Rz. 67 ff.; siehe auch *Geloso Grosso* (Fn. 23), Rn. 35 ff. In der EU wird im Jahr 2011 das sog. dritte Legislativpacket in Kraft treten, mit dem das Ziel eines europäischen Binnenmarktes für Strom und Gas einen Schritt näher rücken soll, und zwar u.a. aufgrund einer Aufwertung der nationalen Regulierungsbehörden, einer verbesserten Zusammenarbeit der nationalen Regulierungsbehörden im Rahmen der Agentur für die Zusammenarbeit der Energieregulierungsbehörden und Maßnahmen zugunsten des grenzüberschreitenden Stromhandels sowie des Zugangs zu Erdgasfernleitungsnetzen, siehe die Übersicht über das dritte Legislativpacket auf der website der (neuen) GD Energie, abrufbar unter: http://ec.europa.eu/energy/gas_electricity/third_legislative_pakkage_en.htm. Siehe hierzu auch die Rede des neuen Kommissars für Energie, *Oettinger*, „An integrated and competitive electricity market: a stepping stone to a sustainable future", Speech/10/102 vom 17.03.2010, abrufbar unter: http://ec.europa.eu/dgs/energy/newsletter/dg/2010/0318newsletter.html. Vgl. im Übrigen noch *Nettesheim*, „Das Energiekapitel im Vertrag von Lissabon", JZ 1/2010, 19 ff.

38 Siehe hierzu z.B. *Roseman*, Domestic Regulation and Trade in Telecommunications Services: Experience and Prospects under the GATS", in: Domestic Regulation & Service Trade Liberalization (hrsg. von Mattoo/Sauvé, 2003), 88 f.

39 Siehe „Communication from the United States" (Fn. 15), Rn. 14 ff.

- objektive Kriterien und zeitnahe Verfahren für den Transport und die Verteilung von Energie,
- eine unabhängige Regulierungsbehörde,
- Garantien für einen funktionierenden Wettbewerb und
- eine wettbewerbsneutrale Durchsetzung öffentlicher Dienst- und Versorgungspflichten.[40]

Die öffentlichen Güter der Versorgungssicherheit, des Umweltschutzes und einer nachhaltigen Entwicklung sind dabei gleichfalls zu berücksichtigen.[41]

Da es den WTO-Mitglieder nicht gelang, für den (hier generisch verstandenen) Sektor der Energiedienstleistungen *sektorspezifische* Regulierungsgrundsätze zu erarbeiten, haben sie sich in den weiteren Verhandlungen darauf konzentriert, *horizontale* Regulierungsprinzipien auszuarbeiten. Die im revidierten Textentwurf des Vorsitzenden der WTO-Arbeitsgruppe für die innerstaatliche Regulierung enthaltenen Regulierungsdisziplinen[42] weisen zwar einige Berührungspunkte zu den zuvor genannten energiespezifischen Regulierungsgrundsätzen auf, aber decken bei weitem nicht alle energierelevanten Gesichtspunkte ab. Die Auswirkungen endgültiger horizontaler Regulierungsdisziplinen – sofern sich die WTO-Mitglieder auf solche einigen können sollten – auf die künftige Regulierung des Energiedienstleistungsmarktes durch die WTO-Mitglieder lässt sich daher zur Zeit nicht hinreichend sicher abschätzen.

Damit steht derzeit, gleichsam als „Auffangtatbestand", nur Artikel VIII GATS zur Verfügung. Diese Vorschrift soll sicherstellen, dass WTO-Mitglieder, die Dienstleistungserbringer auf ihrem Hoheitsgebiet mit Monopol- oder Ausschließlichkeitsrechten ausgestattet haben, ein Mindestmaß an „regulatorischer" Aufsicht über diese Unternehmen ausüben, um die Einhaltung ihrer spezifischen Verpflichtungen in den von den Monopol- bzw. Ausschließlichkeitsrechten betroffenen Sektoren sowie allen sonstigen Sektoren, in denen die betreffenden Unternehmen außerhalb des Anwendungsbereichs ihrer Vorzugsrechte tätig werden, zu gewährleisten.[43] Da Artikel VIII GATS aber nur

40 Zu den Punkten diskriminierungsfreier Zugang zu/diskriminierungsfreie Zusammenschaltung mit Energienetzen, transparentes Regelwerk, Garantien für einen funktionierenden Wettbewerb und unabhängige Regulierungsbehörde, siehe insbesondere *Evans* (Fn. 11), 178 ff., zu dem Punkt Durchsetzung öffentlicher Dienst- und Versorgungspflichten, siehe insbesondere *Energy Services* (Fn. 12), Rn. 70 f. Vgl. im Übrigen *Geloso Grosso* (Fn. 23), Rn. 16 ff.

41 Siehe „Communication from Japan" (Fn. 25), Rn. 9; „Communication from the United States" (Fn. 15), Rn. 6.

42 „Disciplines on Domestic Regulation Pursuant to GATS Article VI:4. Informal Note by the Chairman." Room Document. Working Party on Domestic Regulation, 20.03.2009 (im Besitz des Autors).

43 Siehe näher *Pitschas*, „Allgemeines Übereinkommen über den Handel mit Dienstleistungen (GATS)", in: WTO-Handbuch (hrsg. von Priess/Berrisch, 2003), 544, Rz. 145 ff.

die Einhaltung spezifischer Verpflichtungen im Blick hat, eignet er sich nicht als allgemeine „Ersatznorm" für die oben benannten energiespezifischen Regulierungsgrundsätze. Zudem ist seine „lückenfüllende" Funktion wegen der vergleichsweise wenigen spezifischen Verpflichtungen der WTO-Mitglieder im (wiederum generisch verstandenen) Sektor der Energiedienstleistungen sehr begrenzt.

II. Bi- bzw. plurilaterale Ebene

Die Inblicknahme der bi- bzw. plurilateralen Ebene ist aus zwei Gründen gerechtfertigt. Zum einen gehen bi- bzw. plurilaterale Handelsabkommen im Bereich des Handels mit Energiedienstleistungen (teilweise deutlich) über das Verpflichtungsniveau der WTO-Mitglieder im Rahmen des GATS hinaus und weisen damit einen *höheren Liberalisierungsstand* auf.[44] Zum anderen sind nicht alle Energieträger in gleichem Maße handelbar: Während Öl und Kohle gut lager- und transportfähig sind, ist dass bei Gas und Strom (noch) nicht oder jedenfalls nicht in gleicher Weise der Fall.[45] Aus diesem Grund ist der Handel mit Gas und Strom (derzeit noch) überwiegend ein *regional* geprägter Handel.[46]

Bi- bzw. plurilaterale Handelsabkommen gehen v.a. in den Bereichen Dienstleistungen betreffend Bergbau, Energieverteilung und Rohrleitungstransport von Brennstoffen (z.T. erheblich) über das Verpflichtungsniveau der WTO-Mitglieder im Rahmen des GATS hinaus. Das trifft insbesondere auf jene bi- bzw. plurilateralen Handelsabkommen zu, die auf einer *Negativliste* (statt einer Positivliste) aufbauen.[47] Diese Handelsabkommen haben den zusätzlichen Vorteil, dass ihre Regelungen über den Investitionsschutz gleichermaßen für den Handel mit Waren und Dienstleistungen gelten, und die Klassifikation der Dienstleistungen eine erheblich weniger gewichtige Rolle für die Reichweite spezifischer Verpflichtungen spielt.

Hinzuweisen ist schließlich auf das Phänomen, dass die bi- bzw. plurilateralen Handelsabkommen, an denen Entwicklungsländer als Vertragsparteien

44 Siehe den Überblick bei *Cossy* (Fn. 13), 419 ff.; vgl. auch für spezifische Verpflichtungen in anderen Dienstleistungssektoren *Roy/Marchetti/Lim*, „Services Liberalization in the New Generation of Preferential Trade Agreements (PTAs): How Much Further than the GATS?", WTO Staff Working Paper ERSD-2006-07, September 2006.

45 Siehe *Energy Services* (Fn. 12), Rn. 5. Allerdings sind Bemühungen im Gange, sowohl Strom als auch Gas besser transportfähig zu machen. Im Falle von Gas ist insoweit v.a. auf die Verflüssigung von Gas („liquefied natural gas", LNG) und im Falle von Strom auf die schon zitierten „smart grids" hinzuweisen, s.o. Fn. 21.

46 Siehe *Selivanova* (Fn. 7), 4. Russland und China haben kürzlich ein Abkommen über die Lieferung von jährlich 70 Milliarden Kubikmeter Gas von Russland an China unterzeichnet, siehe „Gazprom Strikes Preliminary Gas Deal With China", New York Times, 13.10.2009.

47 Siehe *Cossy* (Fn. 13), 432 f.

beteiligt sind, ein deutlich höheres Verpflichtungsniveau seitens der Entwicklungsländer aufweisen als im Rahmen des GATS.[48]

C. Zusammenfassung und Ausblick

Die multilaterale Ebene der WTO ist gekennzeichnet durch eine disparate Klassifikation von Energiedienstleistungen mit der Folge, dass Energiedienstleistungen über mehrere Sektoren hinweg verstreut sind. Zudem haben viele WTO-Mitglieder nur relativ wenige spezifische Verpflichtungen hinsichtlich des Marktzugangs und der Inländerbehandlung von Energiedienstleistungen und –dienstleistungserbringern übernommen. Außerdem fehlt es an energiespezifischen Regulierungsprinzipien nach dem Vorbild des Referenzpapiers für den Telekommunikationssektor, obwohl der (generisch verstandene) Sektor der Energiedienstleistungen solche Prinzipen wegen der Vielzahl an bestehenden Handelshemmnissen dringend nötig hätte.

Im Vergleich zur multilateralen Ebene weisen bi- bzw. plurilaterale Handelsabkommen ein (teilweise deutlich) höheres Verpflichtungsniveau hinsichtlich (bestimmter) Energiedienstleistungen auf. Bemerkenswert sind insofern insbesondere die „GATS-plus" Verpflichtungen der Entwicklungsländer, soweit sie an solchen bi- bzw. plurilateralen Handelsabkommen als Vertragsparteien beteiligt sind.

Die Verhandlungen der WTO-Mitglieder im Kontext der Doha-Runde werden weder eine Neuklassifikation von Energiedienstleistungen noch energiespezifische Regulierungsgrundsätze herbeiführen; insbesondere letzteres ist eine herbe Enttäuschung. Inwieweit horizontale Regulierungsdisziplinen, sofern sich die WTO-Mitglieder auf solche werden einigen können, im Bereich der Energiedienstleistungen eine Rolle spielen werden, ist derzeit nicht mit Sicherheit abzuschätzen. Jedenfalls lässt sich aber bereits jetzt vorhersagen, dass etwaige horizontale Regulierungsprinzipen keine gleichwertige Alternative zu energiespezifischen Regulierungsprinzipien bilden werden.

Das Beste, was die Doha-Verhandlungen auf dem Gebiet der Energiedienstleistungen erhoffen lassen, sind gewisse Liberalisierungsfortschritte aufgrund neuer spezifischer Verpflichtungen bezüglich Marktzugang und Inländerbehandlung, wie sie einige WTO-Mitglieder auf der sog. „signalling conference" im Juli 2008 angedeutet haben.[49] Ob es allerdings tatsächlich zu einem solchen Liberalisierungsfortschritt kommt, und ob er das auf bi- bzw. plurilateraler Ebene teilweise erzielte Niveau erreichen wird, ist hingegen eine offene Frage.

48 Siehe *Cossy* (Fn. 13), 431.
49 S.o. Fn. 35.

Diskussion

Zusammenfassung:
Alexa Surholt, Doktorandin am Institut für öffentliches Wirtschaftsrecht, Universität Münster

Herr *Knahl* (Handelskammer Hamburg) eröffnete die Diskussion mit der Frage an Herrn *Kunhenn*, welche Erwartungen er an Kopenhagen habe. Herr *Kunhenn* wies darauf hin, dass das Bundeswirtschaftsministerium nicht federführend mit dieser Angelegenheit befasst sei. Er habe aber aus Gesprächen mit Kollegen den Eindruck gewonnen, dass kein fertiges Abkommen erwartet werde, jedoch Fortschritte, die in der Folgezeit weiter konkretisiert werden sollen. Man hoffe, möglichst weit voran zu kommen, denn wenn es keine international verbindlichen Regeln zur Regulierung von Treibhausgasemissionen gebe, sei dem Weltklima nicht gedient.

Herr Dr. *Schröder* (Universität Münster) knüpfte mit seiner Frage an den Vortrag von Herrn Dr. *Kachel* an. Ihn interessierte, ob es überhaupt zu einem Konflikt zwischen dem Protokoll zum Energiechartavertrag und den Maßnahmen aus Brüssel kommen könne. Das Protokoll stelle ja lediglich soft law dar, wohingegen Brüssel mit rigiden ordnungsrechtlichen Instrumenten arbeite. Herr Dr. *Kachel* sah keine Kollisionsgefahr, da das Protokoll offen sei und keine bestimmte Energieeffizienzpolitik festlege. Es verbiete keine ordnungsrechtlichen Maßnahmen.

Herr Prof. Dr. *Ehlers* brachte das Thema Ownership-Unbundling zur Sprache. Die EG-Kommission verfolge dieses Ziel gegen den Willen der Mitgliedstaaten. Seines Erachtens nach funktioniere Unbundling aber nicht. Er habe den Eindruck, dass z.B. im Fall E.ON und RWE zuletzt über den Umweg des Kartellrechts eine Trennung von Netz und Betrieb, jedenfalls bei den deutschen Energieversorgungsunternehmen, erzwungen worden sei, indem exorbitante Geldbußen verhängt worden seien. Er wollte von Herrn *Kunhenn* wissen, wie Berlin zu dieser Frage stehe.

Herr *Kunhenn* erläuterte, dass Deutschland sich im Vergleich zu den meisten anderen Mitgliedstaaten in einer besonderen Situation befinde, da Deutschland keine Staatsunternehmen habe, sondern private, vertikal integrierte Unternehmen. Aus Sicht der Bundesregierung komme es nicht darauf an, wer das Eigentum an den Netzen habe, sondern, ob diese diskriminierungsfrei genutzt werden könnten. Deutschland habe deshalb mit sieben anderen Mitgliedstaaten einen dritten Weg vorgeschlagen und diesen auch durchgesetzt.

Diese Entflechtungsoption erlaube den Erhalt vertikal integrierter Unternehmen bei strenger Regulierung.

Vor dem Hintergrund, dass die Erzeugungskapazitäten in Deutschland relativ stark auf wenige Unternehmen konzentriert seien, werde auch diskutiert, ob dies mehr Wettbewerb entgegen wirke. Es sei z.B. vorgeschlagen worden, eine Verlängerung der Laufzeiten der Kernkraftwerke daran zu knüpfen, dass die großen Stromerzeuger Erzeugungskapazitäten abgäben.

Zum Thema Kartellrecht führte Herr *Kunhenn* aus, dass diskutiert werde, ob im Rahmen des Kartellrechts Möglichkeiten geschaffen werden sollen, um den Wettbewerb stärker als bisher voranzubringen. In Brüssel sei es tatsächlich so gewesen, dass zwischen Kommission und Unternehmen vor dem Hintergrund möglicher Kartellrechtsverstöße Vereinbarungen getroffen wurden, die auch Eigentumsübertragungen bei Netzen und Erzeugungskapazitäten umfassten. Dies sei keine optimale Lösung von Wettbewerbsproblemen, da für die Öffentlichkeit nicht klar werde, worin ein Verstoß gegen Kartellrecht gelegen habe. Insgesamt könne man aber nicht sagen, dass der Wettbewerb nicht voran komme, in den letzten Jahren sei einiges passiert und man müsse beobachten, wie diese Entwicklung weitergehe.

Herr Dr. *Pitschas* knüpfte daran an und kritisierte, dass die Kommission sich häufig nicht rechtsstaatsgemäß verhalte. Dies sei auch im Energiesektor so. Sie könne sich darauf verlassen, dass der EuGH keine rechtliche Kontrolle ausübe, da er der Kommission einen Ermessens- bzw. Beurteilungsspielraum einräume. Die Kommission müsse in ihre Schranken gewiesen werden, dies sei insbesondere Aufgabe der großen Mitgliedstaaten, der diese bisher nicht hinreichend nachgekommen wären. Die Industrie führe einen einsamen Kampf gegen die Bürokraten aus Brüssel.

Dies sah Herr Dr. *Terhechte* anders. Die Unternehmen seien nicht lammfromm, sondern hätten sich teilweise schwere Wettbewerbsverstöße zu Schulden kommen lassen. Grund für die immer höheren Geldbußen sei auch, dass hier kein Lernprozess stattfinde. Es sei hingegen zu beobachten, dass in der neueren Gemeinschaftsrechtsprechung die Einschätzungsprärogative der Kommission mehr und mehr eingeschränkt werde, zudem sei auch der Staatshaftungsanspruch gestärkt worden.

Herr Dr. *Pitschas* stellte daraufhin klar, dass sich seine Ausführungen nicht allein auf das Kartellrecht bezogen hätten. In Bereichen, in denen die Gemeinschaft über eine unmittelbare und ausschließliche Kompetenz verfüge, könnten die Dinge zum Teil etwas anders liegen. Es gebe aber auch Bereiche, wie z.B. die Landwirtschaft, in denen die Gemeinschaft auch über eine unmittelbare und ausschließliche Kompetenz verfüge und in denen der Kommission auch eine weite Einschätzungsprärogative eingeräumt werde.

Die Situation im Bereich der Landwirtschaft sei unter diesem Gesichtspunkt eine Katastrophe.

Herr Prof. Dr. *Ehlers* thematisierte das Verhältnis von Energiechartavertrag und WTO. Dem Vortrag von Herrn Dr. *Kachel* habe er entnommen, dass diese nicht weit auseinanderliegen würden. Er fragte Herrn Dr. *Kachel*, ob der Energiechartavertrag eine Brückenfunktion zur WTO habe und eine vollständige Integration in den WTO-Prozess auf lange Sicht wünschenswert sei. Herr Dr. *Kachel* erläuterte, dass der Vertrag selbst dies jedenfalls im Hinblick auf die Handelsvorschriften vorsehe. Es gebe auch nicht mehr viele Mitglieder des Energiechartavertrags, die nicht zugleich auch WTO-Mitglieder seien. Der in seinem Vortrag zur Sprache gekommene Art. 29 stehe auch nicht im Bereich der Handelsbestimmungen, sondern sei eine Übergangsvorschrift. Es solle für einen Übergangszeitraum eine Regelung getroffen werden, welche WTO-Regeln anwendbar seien. Im Bereich der Handelsvorschriften könne das Regime langfristig im WTO Regime aufgehen, in anderen Regelungsbereichen des Energiechartavertrags werde dies wahrscheinlich nicht in dem Maße der Fall sein.

Herr Prof. Dr. *Ehlers* führte aus, dass der Vortrag von Herrn Dr. *Pitschas* klar gemacht habe, wie schwer sich die Länder mit spezifischen Dienstleistungsverpflichtungen tun würden. Er wollte nun von Herrn Dr. *Pitschas* wissen, ob es eine Lösung sei, zentrale Regulierungsansätze für alle Dienstleistungssektoren aufzustellen.

Horizontale regulatorische Prinzipien, die die Funktion hätten, auf alle Sektoren einzuwirken, könnten nach der Auffassung von Herrn Dr. *Pitschas* möglicherweise auch im Bereich der Energiedienstleistungen zu gewissen Verbesserungen führen. Das hänge davon ab, wie diese Regulierungsprinzipien letztendlich gefasst würden. Im Entwurf des Vorsitzenden der Verhandlungsgruppe gebe es Ausführungen zu Lizensierungs- und Genehmigungsverfahren. Solche könnten auch für den Bereich der Energiedienstleistungen von Bedeutung sein. Es stelle sich jedoch die Frage, wie diese horizontalen Regulierungsprinzipien letztendlich zum Tragen kommen sollen. Denn bisher müssten WTO-Mitglieder diese als zusätzliche Verpflichtungen in ihre Verpflichtungslisten aufnehmen. Erst dann seien sie rechtsverbindlich. Das sehe man z.B. am Referenzpapier für Telekommunikationsdienstleistungen. Die Vorgaben gälten nur für die Mitglieder, die diese in ihre Verpflichtungslisten aufgenommen haben. Dies wären längst nicht alle Mitglieder. Zum Teil seien die Vorgaben auch gar nicht oder nur ausschnittsweise übernommen worden. Deswegen sei Vorsicht und Skepsis insbesondere für Bereich der Energiedienstleistungen geboten.

Rechtsschutz für ausländische Direktinvestitionen im Energiesektor: Neue Möglichkeiten in der Investitionsschiedsgerichtsbarkeit – Der Vertrag über die Energiecharta

RA Prof. Dr. Richard Kreindler
Shearman & Sterling LLP, Frankfurt/Main

Kein Geschäftsfeld ist größeren Schwankungen ausgesetzt als der Energiesektor. Wo Geld, Politik, nationale Sicherheit, Privatisierungen und Umweltschutz zusammentreffen, finden sich Vertragspartner schnell im Rechtsstreit wieder. Um internationale Investitionen in diesem Bereich abzusichern, wurde bereits am 17. Dezember 1994 in Lissabon der Vertrag über die Energiecharta geschlossen (engl. „Energy Charter Treaty", abgekürzt „ECT").[1] Die ersten Entscheidungen unter diesem Vertrag zeigen wichtige neue Entwicklungen auf.

A. Der Vertrag über die Energiecharta

Der ECT stellt einen rechtlichen Rahmen für die dauerhafte wirtschaftliche Kooperation im Energiesektor dar, und ist dabei das erste bindende multilaterale Investitionsschutzabkommen. Wichtigstes Ziel des ECT ist die Förderung von Auslandsinvestitionen und der Schutz vor politischen Risiken wie z.B. Enteignungen oder Diskriminierungen.[2] Der ECT enthält jedoch darüber hinaus ein weites Spektrum an Regelungen, welches auch den Handel und Transit von Energie, Energieeffizienz und Umweltschutz erfasst. Nicht zuletzt sieht der ECT generell bindende Vorschriften zur internationalen Streitbeilegung in Konfliktfällen vor.

Der ECT ist mittlerweile von über 50 Staaten unterzeichnet oder ratifiziert worden, und weitere 19 Staaten und internationale Organisationen haben Beobachterstatus in der Versammlung der ECT-Vertragsstaaten.[3] Er hat als

---

1 *Coop* in: Ribeiro (Hrsg.), Investment Arbitration and the Energy Charter Treaty, 2006, 3, 6.

2 *Reed/Martinez*, 14 ILSA J. Int'l & Comp. L. (2007-2008) 405, 406.

3 Aktueller Stand verfügbar unter: http://www.encharter.org.

solches gleichzeitig die größte geographische Ausdehnung unter den Investitionsschutzabkommen – abgedeckt sind Europa, Zentralasien, Australien und Japan.

Bis vor kurzem ließ sich die Anzahl der anhängigen oder bereits entschiedenen Fälle mit Rückgriff auf den ECT an einer Hand abzählen. Das Sekretariat des ECT – mit Sitz in Brüssel – registriert bis heute 18 eingeleitete Verfahren, von welchen 14 noch anhängig sind. Zwei Verfahren wurden gütlich beigelegt und zwei wurden durch einen Schiedsspruch beendet. In den letzten öffentlich registrierten Verfahren ging es um Streitwerte zwischen 4,3 und 50 Mrd. US Dollar.[4] Diesen Verfahren und insbesondere den ergangenen Entscheidungen lassen sich erste Hinweise für die künftige Entwicklung ableiten, nicht nur aus finanzieller, sondern auch aus rechtlicher Sicht. Eine Auswahl der aufgeworfenen Rechtsfragen zum ECT werden im Folgenden vorgestellt.

B. Sachlicher Anwendungsbereich – Investoren und Investment

Ebenso wie bei den bilateralen Investitionsübereinkommen (engl. „bilateral investment treaties", abgekürzt „BITs") ist für die Anwendung des ECT der Begriff der „Investition" von zentraler Bedeutung. Dieser wird in Art. 1 VI ECT als

> „every kind of asset, owned or controlled directly or indirectly by an investor"

definiert. Somit sind materielle und immaterielle Vermögensgegenstände, Unternehmen und Anteilsrechte ebenso erfasst, wie Geldforderungen, geistiges Eigentum oder Erträge. Gleichwohl haben sich die Schiedsgerichte, wie es auch für die bisherigen Streitigkeiten unter der Anwendung der BITs nicht unüblich war, in den ersten Verfahren allesamt mit der Frage auseinandergesetzt, ob tatsächlich eine Investition im Sinne des ECT vorliegt. Sie entschieden sich hierbei für eine möglichst weite Auslegung des Begriffs der Investition.[5]

So urteilte beispielsweise das Schiedsgericht in einer Vorentscheidung in dem Fall *Plama Consortium Ltd. (Zypern) v. Bulgarien,*[6] dass Art. 1 VI ECT

---

4 Liste mit allen Fällen sowie Details und Urteile zu diesen Fällen verfügbar unter: http://www.encharter.org/ index.php?id=213&L=0#EDF.

5 *Turinov*, Journal of International Arbitration 26 (2009) 1, 2.

6 ICSID Case No. ARB/03/24.

> „a broad, non exhaustive list of different kinds of assets encompassing virtually any right, property or interest in money or money's worth ..."

erfasse. Eine ebenso weite Auslegung des Begriffs „Investition" lag dem Entscheid im Fall *Petrobart Limited (Gibraltar) v. Kirgisistan*,[7] zugrunde. Dort war zwischen den Parteien umstritten, ob der Investmentbegriff auch Zahlungsklagen aus einem Kaufvertrag umfasst. Hierzu äußerte sich das Schiedsgericht:

> „While in ordinary language investment is often understood as being capital or property used as a financial basis for a company or a business activity with the aim to produce revenue or income, wider definitions are frequently found in treaties on the protection of investments, whether bilateral (BITs) or multilateral (MITs). [...] [T]he sale of gas condensate is an investment according to the Treaty. This must also include the right to be paid for such a sale."

Der Umfang, mit dem sich die Schiedsgerichte zur Frage des Investitionsbegriffes äußern, variiert jedoch von Fall zu Fall. Während das Schiedsgericht in *Nykomb Synergetics Technology Holding AB (Schweden) v. Lettland*[8] schlicht urteilte, dass

> „acquisition of shares [...and] giving of credits [...] constitute investments within the meaning of the Treaty",

befand das Schiedsgericht im Fall *Ioannis Kardassopoulos (Griechenland) v. Georgien*[9] erst nach ausführlichem Bezug auf einen früheren ICSID Fall, dass

> „indirect ownership of shares by Claimant"

ein Investment im Sinne des ECT darstelle.

Neben einer Investition im Sinne des Art. 1 VI ECT muss ein Kläger geltend machen, „Investor" im Sinne des Art. 1 VII ECT zu sein, bevor er sich auf die Vorteile des ECT berufen kann. Eine natürliche Person ist dann Investor, wenn sie Staatsangehöriger eines Mitgliedsstaates ist oder zumindest ihren ständigen Aufenthalt in einem Vertragsstaat hat. Von größerer Relevanz ist allerdings die Frage, wann eine juristische Person Investor im Sinne des Art. 1 VII ECT ist. Hier sind die Voraussetzungen strenger: Nur dann, wenn die Gesellschaft nach den Rechtsvorschriften eines Vertragsstaates gegründet worden ist, fällt sie auch in den Anwendungsbereich des Abkommens. Eine spätere Verlagerung des Unternehmens in einen Mitgliedstaat reicht also nicht aus. Vor diesem Hintergrund empfiehlt es sich, bereits vor einer

7 Arbitration Institute of the SCC - Case No. 126/2003.
8 Arbitration Institute of the SCC - Case No. 118/2001.
9 ICSID Case No. ARB/05/18.

Investition im Energiesektor Rechtsberatung in Anspruch zu nehmen. Der optimale Schutz für Investitionen beginnt also schon mit der geschickten gesellschaftsrechtlichen Strukturierung des Unternehmens.

C. Einschränkungen für Briefkastenfirmen

Demgegenüber gestattet Art. 17 I ECT den Vertragsstaaten Investoren die Vorteile des einschlägigen 3. Abschnittes des ECT zu verweigern, wenn diese, obwohl dort gegründet, keine nennenswerte Geschäftstätigkeit im Gebiet eines Vertragsstaats ausüben (sog. „mailbox companies"). Gleichwohl wird Art. 17 I ECT in der Literatur restriktiv interpretiert.[10] Dieser Ansicht folgte auch das Schiedsgericht im Fall *Plama v. Bulgarien* und entschied, dass sich ein Vertragsstaat nicht mehr rückwirkend auf diese Beschränkung berufen kann, sondern die Beschränkung erst eingreift, nachdem er sie gegenüber dem Investor tatsächlich geltend gemacht hat. Dies entspricht dem Geist des ECT, das berechtigte Vertrauen der Investoren möglichst weitgehend zu schützen.

D. Schutz vor Diskriminierung und Enteignung

Ist der sachliche Anwendungsbereich eröffnet, bietet der ECT ein differenziertes Schutzsystem. Den Schutz von Investitionen vor Enteignungen und willkürlicher Ungleichbehandlung durch die Vertragsstaaten bezwecken vor allem die Vorschriften des 3. Abschnitts des ECT. Während Art. 10 ECT hierbei zunächst allgemein bindende Verhaltensstandards hinsichtlich fairer und gerechter Behandlung beschreibt und diskriminierendes Verhalten verbietet, befasst sich Art. 13 mit dem konkreten Schutz vor willkürlicher Enteignung und Verstaatlichung (im Folgenden: Enteignung).

Gemäß Art. 10 I ECT hat jeder Vertragsstaat investitionsförderliche Bedingungen –

> „stable, equitable, favourable and transparent conditions for Investors"

– zu schaffen. Ebenfalls sieht Art. 10 I ECT eine Günstigkeitsregelung im Bezug auf anderweitige völkerrechtliche und vertragliche Verpflichtungen vor:

> „In no case shall such Investments be accorded treatment less favourable than that required by international law, in-cluding treaty obligations".

Die Anwendung des ECT kann daher in keinem Fall zu einer Verschlechterung der Rechtsposition des Investors führen.

---

10 *Jagusch/Sinclair* in: Ribeiro (Hrsg.), Investment Arbitration and the Energy Charter Treaty, 2006, 73, 100 f.

Die Vertragsstaaten dürfen auch hinsichtlich laufender Investitionen diese nicht behindern und ausländische Investoren nicht diskriminieren. Daher sieht Art. 10 VII ECT insbesondere vor, dass jeder Vertragsstaat Investitionen und Investoren anderer Vertragsstaaten keine weniger günstige Behandlung zukommen lassen darf, als er es seinen eigenen Investoren, den Investoren anderer Vertragsparteien oder Investoren aus Drittstaaten gewährt. Der ECT enthält mithin ein Meistbegünstigungsgebot, welches in vergleichbarer Art und Weise so zumeist nur in BITs neueren Datums enthalten ist.

Eine erste Entscheidung zur Verletzung der Standards des Art. 10 ECT wurde im Fall *Nykomb* getroffen. Hier war einem Stromerzeuger der (vertraglich vereinbarte) Tarif verweigert worden, welcher den inländischen Stromerzeugern hingegen grundsätzlich bewilligt wurde. Darin sah das Schiedsgericht einen klaren Verstoß gegen Art. 10 I ECT.

Art. 13 ECT bezweckt den Schutz vor Enteignung von Investitionen, die in einem anderen Mitgliedsstaat getätigt wurden. Enteignungen sind dabei nicht per se unzulässig. Nach den in Art. 13 I a – d ECT enthaltenen, sehr differenzierten Regelungen, muss eine solche staatliche Maßnahme aber im öffentlichen Interesse liegen, nicht diskriminierend sein, nach rechtsstaatlichen Grundsätzen erfolgen und insbesondere mit einer umgehenden, angemessenen und tatsächlich verwertbaren Entschädigung einhergehen.

E. De facto-Enteignungen

In der Praxis wird eine derart offene, unmittelbare Enteignung zwar weniger zu befürchten sein (obgleich dies in Nachfolgestaaten der ehemaligen Sowjetunion zum Teil der Fall war). Der Vorschrift des Art. 13 ECT kommt aber darüber hinaus vor dem Hintergrund indirekter bzw. De facto-Enteignungen, die auch als „Maßnahmen gleicher Wirkung“ bezeichnet werden, noch eine weitergehende, erhebliche Bedeutung zu. Obschon die De facto-Enteignung mit geringfügig abweichender Formulierung weitgehend international anerkannt ist,[11] fehlt es an einer eindeutigen Definition dieses Begriffs. Dieser Umstand lässt sich gleichwohl vor dem Hintergrund erklären, dass wegen der großen Vielzahl an denkbaren staatlichen Maßnahmen, welche tatsächlich eine enteignende Wirkung haben können, eine abschließende Definition kaum möglich ist.[12]

11 Siehe andere bi- und multilaterale Investitionsabkommen wie z.B. das North American Free Trade Agreement.

12 *Wälde,* in: Horn (Hrsg.), Arbitration Foreign Investment Disputes, 2004, 193, 223 ff; *Lebedev,* in: Ribeiro (Hrsg.), Investment Arbitration and the Energy Charter Treaty, 2006, 105, 111 f.

Folglich stellt sich bei Investitionsstreitigkeiten weniger die Frage, ob eine Enteignung rechtmäßig ist, als vielmehr die Frage, inwieweit überhaupt eine Enteignung im Sinne des Vertrages vorliegt. Dabei lässt sich zunächst festhalten, dass sowohl ein Verlust effektiver Kontrolle, als auch ein wirtschaftlicher Verlust Enteignung im Sinne des Art. 13 I ECT sein kann.

Bei den bislang entschiedenen und den noch anhängigen Verfahren unter Anwendung des ECT beschäftigten sich die Schiedsgerichte – soweit ersichtlich – nur mit dem wirtschaftlichen Verlust als Enteignungsform. Verlust effektiver Kontrolle, wie etwa bei der aufgezwungenen Bestellung eines staatlichen, provisorischen Managers, Thema in den beiden Entscheidungen *Starrett Housing v. Iran*[13] und *Tippetts, Abbett, McCarthy, Stratton v. TAMS-AFTA Consulting Engineers of Iran,*[14] wurden bislang nicht erörtert. Die sehr ähnliche, etwas weiter gehende Formulierung und die nahezu identische Struktur des Art. 1110 NAFTA könnte allerdings dazu beitragen, dass obigen Entscheidungen gleichwohl eine präjudizielle Wirkung für die Auslegung des Art. 13 I ECT zukommt.

Im Zusammenhang mit der erheblichen Unterzahlung eines vertraglich vereinbarten Tarifs prüfte allerdings das Schiedsgericht in *Nykomb v. Lettland* den Umfang des Enteignungsbegriffs. Die Schiedsrichter führten hierbei zunächst aus, dass übermäßige Besteuerung zwar grundsätzlich geeignet sei eine enteignungsgleiche Wirkung hervorzurufen. Entscheidend für eine Enteignung im Sinne des Art. 13 ECT sollte nach Auffassung des Schiedsgerichts aber das Maß an Besitzerlangung bzw. das Maß an Kontrollrechten sein, welches die entsprechenden staatlichen Maßnahmen zur Folge hätten. Dem Argument des Klägers Nykomb, dass bereits die erhebliche Unterzahlung des Kaufpreises, die mit einer exzessiven Besteuerung vergleichbar sei, eine Verletzung des Art. 13 ECT darstelle, folgte das Schiedsgericht daher nicht.

F. Kompensationsstandard des ECT

Mit Ausnahme der Regelungen für die Enteignung enthält der ECT weder explizite Vorschriften, noch lässt sich aus den Formulierungen zweifelsfrei ableiten, welcher Kompensationsstandard bei Verstößen gegen Investitionsschutzvorschriften maßgeblich ist.

Bei Enteignungen muss gemäß Art. 13 I ECT die Höhe der Entschädigung dem angemessenen Marktwert der enteigneten Investition inklusive marktüblicher Zinsen entsprechen. Auf Antrag des Investors ist die Entschädigung ferner umgehend in einer frei konvertierbaren Währung auszuzahlen.

---

13 4 Iran-U.S.C.T.R. 122 (1983).

14 6 Iran-U.S.C.T.R. 219 (1984).

Mit der Frage der Entschädigung bei Verstößen gegen Art. 10 ECT (z. B. Verletzung der Günstigkeitsregelung) haben sich mittlerweile gleich zwei Schiedsgerichte beschäftigt. Es fällt auf, dass in beiden Fällen – *Nykomb v. Lettland* und *Petrobart v. Kirgisistan* – auf internationales Gewohnheitsrecht verwiesen wurde. Als Leitlinien wurden dabei regelmäßig die sog. Draft Articles on State Responsibility der internationalen Völkerrechtskommission (eng. „International Law Commission", auch „ILC") zu Rate gezogen, welche in den meisten ihrer Bestimmungen internationales Gewohnheitsrecht widerspiegeln. Danach ist der Standard der Entschädigung gemäß Art. 31 der Draft Articles auf volle Wiederherstellung gerichtet:

> „The responsible State is under an obligation to make full reparation for the injury caused by the internationally wrongful act".

Zur Frage der Methode der Schadensberechnung kann dem internationalen Gewohnheitsrecht allerdings wenig Verbindliches entnommen werden. Neben den international anerkannten Grundsätzen der Kausalität, Vorhersehbarkeit und Angemessenheit, auf die das Schiedsgericht im Fall *Nykomb v. Lettland* explizit verweist, waren daher insbesondere die Umstände des Einzelfalls für die konkrete Schadensberechnung jeweils entscheidend. Im Fall *Petrobart v. Kirgisistan* sah sich das Schiedsgericht daher beispielsweise gezwungen, die genaue Schadenshöhe durch eine Schätzung zu ermitteln.

G. Streitbeilegungsmechanismen – Bedeutung alternativer Streitbeilegung

Insgesamt ist die Streitbeilegung unter dem ECT von alternativen Mechanismen wie internationalen Konsultations-, Mediations- und Schiedsverfahren geprägt. Die Regelungen des ECT sind dabei äußerst differenziert. So gibt es unterschiedliche Verfahren für Streitigkeiten zwischen den Mitgliedsstaaten untereinander, für solche zwischen einem Investor und einer Regierung, für Transit-Streitigkeiten, Handelstreitigkeiten, und schließlich für Streitigkeiten über Wettbewerbs- oder Umweltschutzfragen. Für Streitigkeiten zwischen den Vertragsstaaten über die Auslegung und Anwendung des Vertrags ist in Art. 27 ECT nach erfolglosen diplomatischen Schlichtungsversuchen grundsätzlich ein internationales Schiedsverfahren vorgesehen.

Was die Klagen natürlicher und juristischer Personen gegen Vertragsstaaten anbelangt, so eröffnet die weit gefasste Schirmklausel des Art. 10 I ECT die Möglichkeit, Verletzungen der Verpflichtungen aus dem ECT auch im direkten Verhältnis von Investor zu Vertragsstaat geltend machen zu können:

> „Each Contracting Party shall observe any obligations it has entered into with an Investor or an Investment of an Investor of any other Contracting Party".

Dies war bei älteren BITs nur auf diplomatischem Wege möglich und gilt als eine der Vorzüge des ECT.[15]

Natürlichen und juristischen Personen bleibt es gemäß Art. 26 ECT überlassen, ob sie nach einem fehlgeschlagenen Versuch zur gütlichen Einigung mit einem Vertragsstaat ein staatliches Gericht anrufen oder ein Schiedsverfahren einleiten (sog. „fork-in-the-road provision"). Sollte sich ein Investor für die Schiedsgerichtsbarkeit entscheiden, eröffnet der ECT ihm zur effektiven Streitbeilegung die Auswahl unter den folgenden Schiedsverfahrensarten:

- ICSID-Schiedsverfahren oder ein Schiedsverfahren unter den ergänzenden, vereinfachten ICSID Regeln oder
- Einzelschiedsrichter oder Ad-hoc-Verfahren unter Anwendung der UNCITRAL Schiedsregeln oder
- Schiedsverfahren unter Anwendung der Regeln der Stockholmer Handelskammer.

Potentielle Kläger haben somit allein für den Bereich der Schiedsgerichtsbarkeit die Auswahl zwischen drei verschiedenen Alternativen. Bereits die Wahl der jeweiligen Schiedsregeln sollte daher mit Blick auf die Besonderheiten der jeweiligen Schiedsordnung, die Kultur der verschiedenen Schiedsinstitution und die am Schiedsverfahren beteiligten Personen vorgenommen werden.

Von den bislang anhängigen Verfahren wurde die überwiegende Mehrzahl nach den ICSID-Regeln geführt und die weiteren Verfahren jeweils nach den UNCITRAL-Regeln und den Regeln der Stockholmer Handelskammer.[16] Für die bislang überwiegende Wahl des ICSID-Verfahrens im Rahmen der ECT-Verfahren mag hierbei einerseits deren große Erfahrung im Bereich der Investitionsschiedsgerichtsbarkeit sprechen, andererseits kann auch die Möglichkeit einer größeren öffentlichen Wahrnehmung für die Wahl der ICSID-Schiedsordnung von Bedeutung sein.

Die Attraktivität der Schiedsverfahren wird ferner dadurch erhöht, dass der ECT die grundsätzliche Vollstreckbarkeit der aufgrund des ECT ergangenen Schiedsentscheide gewährleistet. Nach Art. 26 VIII ECT können solche Entscheide direkt vollstreckt werden, ohne das es einer vorherigen Anerkennung bedarf.

---

15 *Happ*, Schiedsverfahren zwischen Staaten und Investoren nach Artikel 26 Energiechartavertrag, 2000, 198 f.

16 *Blanck/Moody/Lawn* in: Coop/Ribeiro (Hrsg.), Investment Protection and the Energy Charter Treaty, 2008, 1, 14 f.

H. Zeitlicher Anwendungsbereich – „Effective Date“ und vorläufige Anwendbarkeit

Von besonderer praktischer Relevanz ist die Frage der Anwendbarkeit des ECT auf Vorfälle, die vor Inkrafttreten des ECT stattfanden. Hiermit sind sowohl solche Vorfälle gemeint, die sich vor dem allgemeinen Inkrafttreten des ECT am 16. April 1998 vollzogen haben, als auch diejenigen, die Staaten betreffen, welche zwar den Vertrag unterzeichnet, bis zum Zeitpunkt der Streitbeilegung aber nicht ratifiziert haben.

Die vorläufige Anwendbarkeit („provisional application“) des ECT wird in Art. 45 ECT geregelt. Der ECT umfasst prinzipiell nur solche Investitionen, welche bei Inkrafttreten („Effective Date“) des ECT bestehen oder danach getätigt werden. Jedoch verpflichten sich die Unterzeichner gemäß Art. 45 I ECT, den ECT bis zur Ratifikation vorläufig anzuwenden, sofern dies nicht gegen nationale Gesetze verstößt. Eine Ausnahme bildet nur der unter Art. 45 II ECT geregelte Fall, in dem die Vertragsunterzeichner bei der Unterzeichnung eine Erklärung abgeben, wonach sie die vorläufige Anwendbarkeit bis zur Ratifikation des ECT ausschließen.

Die Entscheidung *Kardassopoulos v. Georgien* ist die erste bekannte umfassende Interpretation des Art. 45 ECT. Der Grieche Kardassopoulos beklagte die Enteignung durch die Republik Georgien der seinem Unternehmen in den Jahren 1992 und 1993 vertraglich vergebene Konzession für die Sanierung von Pipelines und dazugehöriger Infrastruktur. Kardassopoulos bezog sich dabei sowohl auf das griechisch-georgische BIT als auch auf den ECT. Georgien hielt dem entgegen, dass der ECT und das BIT noch gar nicht in Kraft getreten seien und daher das Schiedsgericht ratione temporis nicht zuständig sei. Georgien und Griechenland unterzeichneten den ECT in 1994. Die enteignenden Maßnahmen fanden vorgeblich zwischen 1995 und 1997 statt, der ECT trat aber gem. seinem Art. 44 I ECT erst am 16. April 1998 in Kraft. Sowohl die prozessuale Frage der Gerichtsbarkeit des Schiedsgerichts (Art. 1 VI und 26 I ECT), als auch die materielle Frage der Einschlägigkeit der Schutzvorschriften (3. Abschnitt des ECT) hing in *Kardassopoulos v. Georgien* von der Frage ab, ob vorliegend der zeitliche Anwendungsbereich des Vertrages eröffnet war.

Das Schiedsgericht kam zu dem Ergebnis, dass „Effective Date“ sich bereits auf den Beginn der vorläufigen Anwendbarkeit beziehe und gründete sein Judiz auf die folgenden zwei Erwägungen: *Erstens* waren dem Schiedsgericht nach eingehender Prüfung des georgischen und griechischen Rechts keine der vorläufigen Anwendung gegenläufige Gesetze ersichtlich. *Zweitens* hatte weder Georgien noch Griechenland bei Unterzeichnung des ECT eine Erklärung abgegeben, dass der Vertrag bis zu seiner Ratifizierung nicht vorläufig anwendbar sei. Daraus schloss das Schiedsgericht – arg.ext.contr. –, dass vorliegend bereits der Tag der Unterzeichnung als „Effective Date" anzusehen ist, der ECT provisorisch angewendet wird und daher dessen Schutzvorschriften voll einschlägig sind.

Von aktuellem Interesse ist die Frage der vorläufigen Anwendbarkeit auch im Fall *Yukos*,[17] in dem die Anwendbarkeit der Regelungen des ECT auf die Russische Föderation erwogen wird. Hintergrund dieser insgesamt drei parallel geführten UNCITRAL Verfahren verschiedener Investoren ist die Enteignung und Zerschlagung des Yukos Konzern durch die russischen Behörden. Die Russische Föderation hat bislang den ECT unterzeichnet, nicht aber ratifiziert.

I. Fazit: Vorteile des ECT – Hohes Schutzniveau und größere Rechtssicherheit

Als relativ junger Staatsvertrag übernimmt der ECT einerseits hinsichtlich Meistbegünstigungsregelungen und der direkten Durchsetzbarkeit der Rechte aus dem Vertrag rechtliche Mechanismen, die sich im Bereich der bilateralen Investitionsschutzabkommen bereits bewährt haben. Anderseits setzt der Vertrag Maßstäbe, die weit über die bilateralen Investitionsverträge in seinem Gebiet herausgehen, nämlich mit dem weiten räumlichen und zeitlichen Anwendungsbereich des Vertrages, der über 50 Vertragsstaaten erfasst, dem als umfassend interpretierten Begriff der „Investition" sowie der großen Auswahl an Optionen zur gerichtlichen und außergerichtlichen Streitbeilegung.

Neben dem hohen Schutzniveau, welches sich durchaus mit dem moderner BITs vergleichen lässt, bietet der ECT ein zunehmendes Maß an Rechtssicherheit. Da im Verhältnis der Vertragsstaaten zueinander stets der ECT Anwendung finden kann, ergehen die Entscheidungen der Schiedsgerichte hierzu nicht mehr auf Basis ähnlicher, aber im genauen Wortlaut doch oftmals unterschiedlicher Investitionsschutzabkommen, sondern wegen eines identischen Vertragstextes. Die ersten Entscheidungen haben gezeigt, dass aufgrund der Veröffentlichung der Verfahren durch das ECT-Sekretariat die Schiedsgerichte um eine einheitliche Auslegung des Vertrages bemüht sind. Aufbauend auf diesen Entscheidungen wird das Ergebnis eines ECT-Rechtsstreits in Zukunft in einem weit größeren Umfang als bisher vorhersehbar sein.

17 *Yukos Universal Ltd. (Vereinigtes Königreich) u.a. v. Russische Föderation.*

Insbesondere internationale Energieunternehmen, welche in den ehemaligen Sowjetrepubliken Probleme bei der Privatisierung der Branche erfahren, haben sich die neuen Möglichkeiten, die der ECT bietet, bereits zu Nutze gemacht. Da die Streitwerte in ECT-Verfahren überdurchschnittlich hoch sind, agieren betroffene Regierungen in diesen Fällen mit äußerster Vorsicht. Für den Fall eines konkreten Rechtsstreits sollte daher auf eine sorgfältige individuelle Rechtsberatung nicht verzichtet werden.

Energiekartelle im Lichte des WTO-Rechts – zugleich ein Beitrag zur Auslegung des Art. XX (g) GATT

Dr. Jörg Philipp Terhechte
*Universität Hamburg**

I. Einleitung

Das Thema „Energiekartelle und WTO-Recht" ist aufgrund der aktuellen Entwicklungen auf dem Weltmarkt für Energie und den zahlreichen Bemühungen, dem Klimaschutz eine größere Bedeutung einzuräumen, von höchster Aktualität: Auf der einen Seite weist der Weltmarkt für Energie eine Reihe von Besonderheiten auf, die in erster Linie auf die strategische Bedeutung von „Energie" für die nationalen Volkswirtschaften zurückzuführen sind.[1] Im Zeichen der Versorgungssicherheit gibt es auf den Energiemärkten schon seit gut hundert Jahren Konzentrationstendenzen und Kartellbildungen, die z.T. ausdrücklich gewünscht und gefördert wurden.[2] Das „Energiekartell" ist schon deshalb keine neue Erscheinung, sondern inzwischen aus der Perspektive der westlichen Industrienationen eine Art ordnungspolitisch unerwünschter Wiedergänger, der in nahezu jeder Dekade des letzten Jahrhunderts eine besondere Rolle zu spielen vermochte.

Auf der anderen Seite führt der Klimawandel dazu, dass ein neues ökologisches Bewusstsein entstanden ist, das den Interessen von „Energiekartellen" diametral entgegenstehen kann. Als Beispiel sei etwa das Kyoto-Protokoll genannt, das zu einer Reduzierung des weltweiten CO_2-Ausstoßes führen soll,[3] und sein Verhältnis zu dem prominentesten „Energie-Kartell", das wir

* Dr. iur., Wissenschaftlicher Assistent am Seminar für Öffentliches Recht und Staatslehre der Universität Hamburg, Abteilung Europäisches Gemeinschaftsrecht. Ich danke insbesondere *Prof. Dr. Dirk Ehlers*, Münster und *Prof. Dr. Christoph Herrmann, LL.M.*, Passau, für wichtige Anregungen.

1 S. dazu *Schorkopf* in: Leible/Lippert/Walter (Hrsg.), Die Sicherung der Energieversorgung auf globalisierten Märkten, 2007, 93 ff.

2 S. dazu etwa am Beispiel der USA *Marshal/Meyers*, 42 Yale Law Journal (1933), 702 ff.

3 Zum Kyoto-Protokoll etwa *Bail*, EuZW 1998, 457 ff.; *Oberthür*, Das Kyoto-Protokoll: Durchbruch der internationalen Klimapolitik?, Jahrbuch Internationale Politik 1997/1998, 356 ff.; *Klemm*, RdE 1998, 133 ff.; *Sach/Reese*, ZUR 2002, 65 ff.

momentan weltweit kennen, der OPEC. Die Reduzierung des CO_2-Ausstoßes führt zwangsläufig zu einer Verringerung des Rohölabsatzes und damit zu Umsatzeinbußen der Ölindustrie. Aufgrund dieser Zusammenhänge haben die OPEC-Staaten im Zuge der Kyoto-Verhandlungen massive Ausgleichszahlungen verlangt.[4] Mit anderen Worten: Eine der bedeutendsten Reaktionen der internationalen Staatengemeinschaft auf den Klimawandel wird durch das Vorhandensein von Energiekartellen in Frage gestellt bzw. werden diesbezügliche Einigungen auf internationaler Ebene zumindest erschwert. Schon dieser Ausgangsbefund wirft die Frage auf, wie sich das internationale Recht, insbesondere das WTO-Recht, zu „Energiekartellen" verhält.[5] Doch auch ein Blick auf die Antworten des europäischen Unionsrechts und des Rechts des NAFTA ist in diesem Zusammenhang sehr aufschlussreich (dazu unten V.).

Die folgenden Ausführungen werden zunächst auf die grundsätzliche Bedeutung der Fragestellung eingehen. Hierbei ist insbesondere die asymmetrische Anlage des Weltmarkts für Energie als eine potentielle Quelle für Verteilungskämpfe in der Zukunft näher zu beleuchten (dazu II.). Energiepolitisch motivierte Verteilungskämpfe können in diesem sensiblen Bereich nur dann vermieden werden, wenn es gelingt, den vorprogrammierten Konflikt zwischen Erzeuger- und Abnehmerländern von Energie auf der Grundlage des internationalen Rechts zu moderieren. Anschließend gilt es, den recht weiten Begriff „Energiekartell" zu definieren. Diese Definition muss insbesondere das Untersuchungsraster (WTO-Recht) im Auge behalten, darf also nicht allzu weit gefasst werden (dazu III.). Hiernach ist dann zu klären, wie sich das WTO-Recht zu „Energiekartellen" verhält. Im Rahmen dieser Ausführungen soll in erster Linie auf die Ausnahmebestimmung des Art. XX (g) GATT eingegangen werden (vgl. IV.).

II. Ein Konflikt der Zukunft?

Der „Weltmarkt für Energie", soviel sei schon einleitend gesagt, ist nur in einem sehr begrenzten Maße durch das WTO-Recht gesteuert. Dies hat unterschiedliche Ursachen: Zunächst existiert zwischen den WTO-Mitgliedstaaten Einvernehmen darüber, dass die Welthandelsordnung nicht auf „energiespezifische" Sachverhalte angewendet werden soll (sog. *Gentlemen's Agreement*).[6] Dieser Ansatz ist wiederum auf die strategische Bedeutung der Energieversorgung zurückzuführen. Dazu kommt, dass der Begriff „Energie" selbst auf der

4 *Witte/Goldthau*, Die OPEC – Macht und Ohnmacht des Öl-Kartells, 2009, 260 ff.

5 Dieser Frage wurde bislang nur sporadisch nachgegangen, vgl. aber *Schorkopf* (Fn. 1), 93 ff.; *Desta*, 37 JWT (2003), 523 ff.

6 *Schorkopf* (Fn. 1), 97 m.w.N.

Ebene des internationalen Rechts schwer zu fassen ist, also unklar ist, welche rechtlichen Regelungen anzuwenden wären (z.B. Energie als Dienstleistung oder Ware?).[7] Schließlich liegen viele potentielle Streitigkeiten auf diesem Gebiet außerhalb der Reichweite der Welthandelsordnung, weil nicht alle Staaten, die in Energiefragen eine Schlüsselrolle spielen, Mitglieder der WTO sind.[8]

Recht und Politik greifen aufgrund dieser Ausgangslage in besonderer Weise ineinander, soweit es um Fragen der Energieversorgung und -sicherheit der jeweiligen Volkswirtschaften geht. So sind etwa einige Konflikte der letzten Jahre nicht zuletzt (auch) als Verteilungskämpfe zu deuten, bei denen es um die Absicherung der Energieversorgung ging.

Der Weltmarkt für „energierelevante Rohstoffe" (z.B. Kohle, Uran, Erdöl, Erdgas) ist, wie bereits angedeutet wurde, asymmetrisch im Vergleich zu den sonstigen Gütermärkten organisiert.[9] Die westlichen Industrienationen sind hier in einem hohen Maße von Schwellen- und Entwicklungsländern abhängig und finden sich in der Rolle des Verbrauchers wieder.[10] Die Schwellen- und Entwicklungsländer wiederum versuchen häufig in verschiedenen Foren, ihre Marktmacht zu organisieren bzw. zu koordinieren, um die Profite auf einem stabilen Niveau zu halten. Beispiele sind etwa die *Organization of the Petroleum Exporting Countries* (OPEC) oder aus historischer Perspektive die *Conference of Bauxite Producing Countries*[11] bzw. der *Council of Copper Exporting Countries*.[12] Solche Vereinigungen, die zumeist auf einem völkerrechtlichen Vertrag beruhen, stellen aus der Perspektive der Wirtschafts- und Rechtswissenschaft – so die These der folgenden Ausführungen – nichts anderes als Kartelle zwischen Staaten dar.[13]

---

7 Freilich wirft der Begriff „Energie" nur insoweit Probleme auf, wenn man ihn auf Elektrizität bezieht; so auch *Schorkopf* (Fn. 1), 102 m.w.N.; zur Klassifizierung von Elektrizität als Ware im EU-Recht s. *Terhechte,* in: Schwarze (Hrsg.), EU-Kommentar, 2. Aufl. 2009, Art. 23 EGV Rn. 20; EuGH Slg. 1994, I-1477 Rn. 28 – Almelo; EuGH Slg. 2001, I-2099 Rn. 68 ff. – PreussenElektra; zum Begriff der Ware im WTO-Recht allgemein *Bender,* in: Hilf/Oeter, WTO-Recht. Rechtsordnung des Welthandels, 2004, § 9 Rn. 2.

8 Dies bezieht sich in erster Linie auf Russland, aber z.B. auch auf einige Mitgliedstaaten der OPEC. Zu den Problemen des russischen WTO-Beitritts s. *Dyker*, 16 Post-Commmunist-Economies (2004), 3 ff.

9 *Schorkopf* (Fn. 1), 94 ff. m.w.N.

10 Dazu am Beispiel des Weltmarktes für Rohöl *Terhechte*, OPEC und europäisches Wettbewerbsrecht – Zugleich ein Beitrag zur Fragmentierung des internationalen Wirtschaftsrechts, 2008, 31 ff.; s. auch *ders.*, Applying European Competition Law to International Organizations, 1 European Yearbook of International Economic Law (2010), 179 ff., 185 f.

11 S. dazu *Litwak/Maule*, 56 International Affairs Nr. 2 (1980), 296 ff.

12 Zum Ganzen *Alhajji/Huettner*, 28 Energy Policy (2000), 1151 ff.

13 So auch *Udin*, 50 American Univ. L. Rev. (2001), 1321 ff.; *Griffin*, 60 Antitrust J. (1991), 543 (548); *Waller*, Suing OPEC, 64 Univ. Pitts. L. Rev. (2002), 105 ff.; *Fraser*, Political Economic Cartels – An Alternative Approach to the World Oil Market, 1978; *Terhechte* (Fn. 10) OPEC; *Doehring*, Völkerrecht, 2. Aufl. 2007, Rn. 1225; *Herdegen*, Internationales Wirtschaftsrecht, 8. Aufl. 2009, § 10 Rn. 4.

Wie geht das WTO-Recht, oder allgemeiner das internationale Wirtschaftsrecht, mit diesem Phänomen um? Schon vor dem Hintergrund der Rohstoffabhängigkeit der westlichen Industrienationen dürfte sich hier ein Konflikt abzeichnen, bei dem das WTO-Recht eine wichtige Rolle spielen könnte. Dies gilt umso mehr, als dass in den letzten Monaten verstärkt Stimmen zu vernehmen waren, die forderten, neue zwischenstaatliche Kartelle für energierelevante Rohstoffe ins Leben zu rufen (Stichwort: Gas-OPEC).[14]

Eine bislang wenig erforschte Dimension der Fragestellung dürfte darin liegen, dass Agrarprodukte, die zunehmend den Dreh- und Angelpunkt der WTO-Verhandlungen bilden, auch als „energierelevant" einzustufen sind (so z.B. Raps, Holz usw.). Sie folgen aus der Perspektive des WTO-Rechts teilweise anderen Regelungen als die originären „energierelevanten" Rohstoffe.[15] Indes soll dieser Fragestellung hier nicht weiter nachgegangen werden.

III. „Energiekartelle" – eine Begriffsbestimmung

1. Energiekartelle und Rohstoffe

Der Begriff „Energiekartell" ist nicht eindeutig besetzt. Auf der nationalen (deutschen) Ebene wird hiermit oftmals die Marktstruktur im Bereich der Gas- und Elektrizitätsversorgung umschrieben,[16] auf internationaler Ebene ist damit so gut wie ausschließlich die OPEC gemeint. Im Rahmen der WTO kann es allerdings zunächst nur auf die internationale Ebene ankommen. In diesem Kontext kann es letztlich auch weniger um privatwirtschaftlich organisierte Zusammenschlüsse gehen als vielmehr um zwischenstaatliche Organisationen. Solche Organisationen haben auf dem Weltmarkt für Rohstoffe nach wie vor eine erhebliche Bedeutung – gerade im Bereich der Rohstoffe ist man von dem Postulat eines „freien, wettbewerblich organisierten Marktes" seit jeher recht weit entfernt.[17]

14 Dazu *Mattes*, Die „Gas-OPEC" – Schwierigkeiten einer Kartellbildung, GIGA 2009, abrufbar unter: http://www.giga-hamburg.de/dl/download.php?d=/content/staff/ mattes/publications/giga_mattes_erdgasOPEC_0705.pdf; *Finon*, Russia and the „Gas-OPEC". Real or Perceived Threat?, Russie.Nei.Visions No. 24, Nov. 2007, abrufbar unter: http://www.ifri.org/downloads/ifri_RNV_ENG_Finon_opepdugaz_sept2007.pdf.

15 Zu den speziellen Regelungen zu Agrarprodukten im WTO-Recht s. etwa *Jessen*, in: Hilf/Oeter, WTO-Recht. Rechtsordnung des Welthandels, 2005, § 19; *Matsushita/Schoenbaum/Mavroidis*, The World Trade Organization, 2. Aufl. 2006, 287 ff.

16 S. dazu *Lietke*, Das Energiekartell. Das lukrative Geschäft mit Strom, Gas und Wasser, 2006, insb. 109 ff.

17 *Terhechte* (Fn. 10), OPEC, 49 ff. m.w.N.

2. *Energiekartelle als zwischenstaatliche Produzentenvereinigungen*

Aufgrund der Perspektive der folgenden Ausführungen sollen als Energiekartelle *zwischenstaatliche Produzentenvereinigungen aufgefasst werden, deren Absicht darin besteht, den Handel mit energierelevanten Rohstoffen bzw. Energiedienstleistungen zu koordinieren*, was u.a. zu einer staatlichen Steuerung des Exports der jeweiligen Güter und Dienstleistungen führen kann. Hierbei kommt es nicht so sehr darauf an, dass diesen Vereinigungen ein völkerrechtlicher Gründungsvertrag zugrunde liegt, sondern vielmehr darauf, dass sie sich aneinander in einer bestimmten Weise orientieren (sog. koordiniertes Verhalten).

IV. Energiekartelle und WTO-Recht

1. *Fehlen eines ausdrücklichen Kartellverbots*

Das WTO-Recht kennt kein ausdrückliches Kartellverbot, das direkt auf Produzentenvereinigungen bzw. auf Staaten anwendbar ist. Alle Bestrebungen, ein „WTO-Kartellrecht" zu schaffen, sind bislang gescheitert und zielten im Übrigen meist nur auf private Verhaltensweisen.[18] Momentan sieht es auch nicht so aus, als ob das Thema in absehbarer Zeit wieder auf die Agenda einer Ministerkonferenz rücken wird. Soweit also das WTO-Recht Vorbehalte gegen Produzentenvereinigungen kennen sollte, müssen sie Bestandteil der allgemeinen WTO-Vorschriften sein (vgl. etwa Art. VIII:1 GATS für „private" Monopole[19]). Dieser Befund gilt nicht nur für das WTO-Recht, sondern auch für das universelle Völkerrecht, dem ebenfalls kein auf Staaten oder gar Private anwendbares Kartellverbot bekannt ist. Vielmehr ist die Kontrolle über erschöpfliche Bodenschätze nicht zuletzt Ausdruck der Souveränität der Staaten im internationalen Verkehr.[20] Allgemein ist man damit auf spezielle Bestimmungen des partikularen Völkerrechts (also das WTO-Recht) oder das Recht regionaler Integrationsprojekte (dazu V.) verwiesen.

2. *Energiekartelle und Exportbeschränkungen*

a) *Das Verbot von Exportbeschränkungen im WTO-Recht (Art. XI GATT)*

Grundsätzlich verbietet das WTO-Recht den Mitgliedstaaten *Beschränkungen des Exports* von Waren nach Maßgabe des Art. XI GATT. Diese Bestimmung ist im Zusammenhang mit dem *Tariffs-only*-Prinzip zu sehen. Ziel der WTO ist es eben nicht, alle Handelsbeschränkungen als solche zu

18 Ausführlich dazu demnächst *Terhechte* in: Hilf/Oeter (Hrsg.), WTO-Recht, 2. Aufl. 2010, § 30.

19 Dazu *Terhechte* (Fn. 18), § 30 Rn. 25.

20 So ausdrücklich auch *Doehring*, Völkerrecht, 2. Aufl. 2007, Rn. 1225.

unterbinden, sondern sie auf Zölle zu beschränken.[21] Ausfuhrquoten, wie sie etwa für die Umsetzung von OPEC-Beschlüssen erforderlich werden, verstoßen insofern – zumindest potentiell – gegen Art. XI GATT. Da auch weitere „Energiekartelle" auf Drosselungsinstrumente verwiesen wären, ist die Frage nach dem Verhältnis von WTO-Recht zu Energiekartellen dahingehend zu präzisieren, dass es um das Verhältnis des WTO-Rechts zu staatlichen Exportkontrollmaßnahmen im Bereich der energierelevanten Rohstoffe bzw. energierelevanten Dienstleistungen geht.

b) *Pflicht zur Produktion?*

Soweit man in den Maßnahmen, die im Rahmen von internationalen Organisationen zur Beeinflussung der Handelsströme erlassen werden, potentielle Exportbeschränkungen im Sinne des Art. XI GATT erblicken möchte, ist es von besonderer Bedeutung, auf welches konkrete Verhalten abgestellt werden soll. Denn die staatliche Beeinflussung von Explorations- und Produktionskennzahlen allein fällt nicht schon per se unter das WTO-Recht. Dies kann schon deshalb nicht zutreffen, weil es dann im Umkehrschluss auch eine staatliche Pflicht geben müsste, die jeweiligen Bodenschätze zu produzieren. Eine solche Pflicht lässt sich aber weder aus dem WTO-Recht noch aus dem universellen Völkerrecht ableiten.[22]

Etwas anderes wird man aber annehmen müssen, soweit an Energiekartellen beteiligte Staaten konsensual Quoten festlegen, die sich direkt auf die Exporttätigkeiten niederschlagen.[23] Insofern ist bei „Energiekartellen" zwischen rein intern anwendbaren Produktionsbeschränkungen und insbesondere auf Außenwirkung zielenden Beschränkungen zu unterscheiden. Die multilaterale Festlegung von Produktionsquoten unter dem Dach eines zwischenstaatlichen Kartells ist vor diesem Hintergrund anders zu beurteilen als eine unilaterale Festlegung von Produktionsmengen, die, wie etwa auch Art. XXI GATT ausdrücklich fordert, im Zusammenhang mit Beschränkungen des innerstaatlichen Wirtschaftsverkehrs oder der Produktion einhergehen muss. Energiekartelle streben wie andere Kartelle auch stets nach der Sicherung der Monopolrente.[24] Inländische Produktionskürzungen sind also hier nur Mittel zum Zweck (der Kontrolle über den Preis). Es geht damit nicht so sehr um die souveräne Entscheidung eines Staates darüber, wie viel er von einer Ware

21 *Terhechte*, in: Graf/Pasche/Olbrich (Hrsg.), Hamburger Handbuch des Exportwirtschaftsrechts, 2009, § 30 Rn. 22.

22 Für wertvolle Hinweise zu den folgenden Überlegungen danke ich *Christian Pitschas* und *Hannes Schloemann*; zur entsprechenden Diskussion s. S. 87 in diesem Band.

23 S. dazu *Desta* (Fn. 5), 534.

24 Allgemein dazu *Kerber/Schwalbe* in: Hirsch/Montag/Säcker (Hrsg.), Münchener Kommentar zum Europäischen und Deutschen Wettbewerbsrecht (Kartellrecht), Band 1 (Europäisches Wettbewerbsrecht), 2007, Einleitung Rn. 1082 ff.

ausführen will, sondern um die Befolgung einer zuvor mulilateral festgelegten Quote. Die multilateralen Kartellbeschlüsse wirken hier letztlich wie Minimalexportpreise.[25]

Dass das WTO-Recht grundsätzlich auf solche zwischenstaatliche Produzentenvereinigungen Anwendung finden kann bzw. auf bestimmte Maßnahmen dieser Vereinigungen, wird durch diverse WTO-Dokumente gestützt. So enthält der *Revised Draft Modalities for Agriculture*[26] einen Vorschlag, *„intergovernmental commodity agreements"* unter die Ausnahmen des Art. XX (g) GATT fallen zu lassen. Hierunter sollen nach dem Draft auch solche Verträge bzw. Vereinigungen fallen, *„of which only producing countries of the concerned commodities are Members"*.[27] Einer solchen Regelung bzw. Klarstellung bedürfte es aber nicht, wenn die Koordination von WTO-Mitgliedstaaten in Produzentenvereinigungen per se nicht unter das WTO-Recht fallen würde.

c) Das Beispiel der OPEC

Die genaue Organisation der Exportbeschränkungen nach innen ist einigermaßen schwierig nachzuvollziehen. Dies sei am Beispiel der OPEC verdeutlicht: Die OPEC stellt eine internationale Organisation mit Sitz in Wien dar.[28] Ihre Hauptaufgabe besteht ausweislich ihres Gründungsstatuts darin, die Koordinierung und Vereinheitlichung der Rohölpolitiken (*petroleum policies*) ihrer Mitgliedstaaten zu gewährleisten (Art. 2 A OPEC Statute).[29] Diese Koordinierung wird in erster Linie durch die Festlegung der Förderquoten erreicht. Das Instrument der Förderquote erlaubt letztlich eine Steuerung des Exports.

Wie die OPEC-Staaten die Förderquoten intern umsetzen, ist nicht immer bis in alle Einzelheiten nachzuvollziehen. In den OPEC-Staaten, in denen die Erdölindustrie komplett verstaatlicht ist, werden Weisungsinstrumente öffentlich-rechtlicher Struktur eingesetzt. Ansonsten dürften die Vollzugsinstrumente weitaus komplexer sein, z.T. auch auf einer dünnen Linie zwischen Recht und Politik liegen. Ergebnis der jeweiligen Beschlussfassung ist jeden-

---

25 So auch *Desta* (Fn. 5), 534: "In as long as OPEC decisions to restrict supplies are caused by falling prices below the OPEC-approved price range or any other threshold, such measures could well qualify as quantitative restrictions effected through minimum export requirements."

26 *Committee on Agriculture*, Special Session, Revised Draft Modalities for Agriculture v. 6. Dezember 2008, TN/AG/W/4/Rev. 4, Rn. 98 ff.

27 Ibid, Rn. 100.

28 Zur OPEC vgl. etwa *Evans*, OPEC its Member States and the World Energy Market, 1986; *Kohl*, 26 Harvard International Review (2005), 68 ff.; *Matthies*, Wirtschaftsdienst 70 (1990), 479 ff.; *Terhechte*, (Fn. 10), OPEC, 31 ff.; *Witte/Goldthau* (Fn. 4).

29 S. dazu *Terhechte* (Fn. 10), OPEC, 31 ff.; s. auch *ders*. (Fn. 10), Applying European Competition Law, 179 ff.

falls, dass der Ausstoß und damit der Export von Rohöl gedrosselt (aber z.T. auch erhöht) wird.

Schon auf den ersten Blick wird hier deutlich, dass man es mit klassischen Exportbeschränkungen im Sinne des Art. XI GATT zu tun hat. Art. XI GATT verbietet grundsätzlich alle Beschränkungen der Ausfuhr von Waren – jenseits von Zöllen, Abgaben und sonstigen Belastungen –, sei es in Form von Kontingenten, Ausfuhrbewilligungen oder sonstiger Maßnahmen.

Ausnahmen von diesem allgemeinen Verbot sind zunächst in Art. XI:2 GATT niedergelegt, aber im Falle von zwischenstaatlichen Energiekartellen nicht anwendbar. Potentiell einschlägig könnte hier lediglich Art. XI:2 (a) GATT sein, wonach Ausfuhrbeschränkungen zulässig sind, die vorübergehend angewendet werden, um einen kritischen Mangel an Lebensmitteln oder anderen für die ausführende Vertragspartei wichtigen Waren zu beheben.[30] Die Zielrichtung dieser Ausnahme läuft aber der Zielsetzung der OPEC schon als solche entgegen – sie steht ja letztlich für die Koordinierung von (noch) reichlich vorhandenen Rohstoffen. Damit bleibt in einem ersten Schritt festzuhalten, dass die Exportquoten der OPEC zumindest in den Anwendungsbereich des Verbots des Art. XI GATT fallen.[31]

3. Ausnahmen gem. Art. XX (g) GATT?

Das WTO-Recht kennt eine Reihe allgemeiner Ausnahmen vom Verbot des Art. XI GATT. Neben den speziellen Ausnahmetatbeständen, wie etwa Art. XII GATT (Ausnahmen zum Schutz der Zahlungsbilanz), ist hier in erster Linie an Art. XX (g) GATT zu denken, wonach Ausnahmen zulässig sind, soweit entsprechende Maßnahmen (Exportbeschränkungen) der Erhaltung „erschöpflicher Naturschätze“ (*exhaustible natural resources*) dienen sollen. Da Art. XX GATT schon tatbestandsmäßig an Exportverhalten anknüpft, ist er nicht nur in Bezug auf Importrestriktionen, sondern auch auf Exportbeschränkungen anwendbar.[32]

a) Allgemeines zur exhaustible natural resources-Ausnahme

Die *natural resources*-Ausnahme gem. Art. XX (g) GATT wird in der bisherigen Panel-Praxis überwiegend weit ausgelegt. Unter den Begriff der „*natural resources*“ fallen neben Bodenschätzen z.B. auch Tiere. Es kommt also nicht genuin auf das Kriterium der Erschöpflichkeit an, soweit zumin-

30 Dazu *Herrmann/Weiß/Ohler*, Welthandelsrecht, 2. Aufl. 2007, Rn. 478 ff.

31 S. dazu *Desta* (Fn. 5), 523 ff.; *Terhechte*, (Fn. 10), OPEC, 96 ff.

32 *Bender*, Domestically Prohibited Goods. WTO-rechtliche Handlungsspielräume bei der Regulierung des Handels mit im Exportland verbotenen Gütern zum Umwelt- und Verbraucherschutz, 2006, 139; *Jackson/Davey/Sykes*, Legal Problems of International Economic Law, 4. Aufl. 1995, 424; *Jackson*, World Trade and the Law of GATT, 1969, 504.

dest theoretisch der Zustand eintreten kann, dass die „erschöpflichen Naturschätze“ nicht mehr reproduzierbar oder regenerierbar sind.[33] Gerade in den letzten Jahren diente die Vorschrift so insbesondere dem Umweltschutz, etwa wenn es um Maßnahmen ging, die bedrohte Tierarten schützen sollten.[34] Die ursprüngliche Bedeutung dürfte aber mehr auf den Schutz von Rohstoffreserven gerichtet gewesen sein.[35] Dies ergibt sich schon aus der Tatsache, dass die Aufnahme des Art. XX (g) in das GATT auf die Initiative der USA zurückging, die zu dem fraglichen Zeitpunkt (1946) noch Exporteur von Rohöl und anderen Rohstoffen waren.[36]

Zwar wurde bis heute nicht positiv vom Appellate Body anerkannt, dass Rohöl als erschöpflicher Naturschatz im Sinne des Art. XX (g) GATT zu klassifizieren sei; gleichwohl wurde dieses Ergebnis aber angedeutet (ähnliches wird z.B. für Uran, Erdgas, Braun- und Steinkohle ebenso anzunehmen sein wie für Ölsande, Raps etc.). Allgemeiner wird man damit die Formel aufstellen können, dass primäre Energieträger grundsätzlich als erschöpfliche Naturschätze im Sinne des WTO-Rechts qualifiziert werden können.

Als Ausnahme ist Art. XX (g) GATT zwar nach der Praxis der WTO-Streitbeilegung eng auszulegen,[37] die Vorschrift ist aber insgesamt recht allgemein formuliert. Zunächst kommt es hier darauf an, die Formulierung “*relating to conservation*“ („zur Erhaltung“) näher zu konkretisieren. Bedeutet dies, dass die fragliche Maßnahme zumindest primär dem Erhalt erschöpflicher Bodenschätze dienen muss, oder reicht es aus, dass die betreffende Maßnahme zumindest auch dieser Zielsetzung dient, aber hauptsächlich auf etwas anderes gerichtet ist? Mit anderen Worten: Erlaubt Art. XX (g) GATT die Verfolgung politischer Interessen unter dem Deckmantel des Schutzes erschöpflicher Ressourcen?

Bei der Interpretation der Vorschrift ist zunächst zu berücksichtigen, dass sie selbst – von ihrem Ausnahmecharakter als solche einmal abgesehen – keine einschränkenden Momente aufweist wie z.B. Art. XX (b) GATT, der insoweit die Mitgliedstaaten der WTO auf notwendige Maßnahmen (*necessary to...*) beschränkt.[38] Indes folgt aus dem Ausnahmecharakter der Vorschrift

33 *Bender*, Domestically Prohibited Goods. WTO-rechtliche Handlungsspielräume bei der Regulierung des Handels mit im Exportland verbotenen Gütern zum Umwelt- und Verbraucherschutz, 2006, 141, nennt als Beispiel deshalb auch Tiere und Pflanzen.

34 Dazu *Epiney*, DVBl. 2000, 77 ff.; *Trüeb*, Umweltrecht in der WTO – Staatliche Regulierungen im Kontext des internationalen Handelsrechts, 2001, 352 ff.

35 *Herrmann/Weiß/Ohler* (Fn. 30), Rn. 530 ff.

36 Dazu *Matz-Lück/Wolfrum* in: Wolfrum/Stoll/Seibert-Fohr (Hrsg.), WTO – Technical Barriers and SPS Measures, Max Planck Commentaries on World Trade Law, Vol. 3, 2007, Art. XX (g) GATT Rn. 5.

37 Appellate Body, *United States – Standards for Reformulated and Conventional Gasoline*, WT/DS2/R.

38 Dazu *Desmedt*, 4 JIEL (2001), 441 (463).

gleichwohl, dass die Erhaltung der Ressource das primäre Ziel der fraglichen staatlichen Maßnahme darstellen muss.[39] Es kommt hier darauf an, dass ein vernünftiger und substantieller Zusammenhang zwischen Zielen und Mitteln besteht („*a close and genuine relationship of ends and means*“[40]), wobei die fragliche Maßnahme in ihrer Gesamtheit zu betrachten ist und nicht nur im Kontext ihrer (potenziellen) GATT-Widrigkeit.[41]

Schon anhand dieser recht allgemeinen Kriterien wird deutlich, dass die GATT-Vereinbarkeit von internationalen Energiekartellen (bzw. ihrer konkreten Maßnahmen) weder auf den ersten Blick positiv festgestellt werden kann, noch dass ihnen eine GATT-Widrigkeit auf die Stirn geschrieben ist.

Neben der Zielrichtung einer Maßnahme kommt es im Rahmen des Art. XX (g) GATT zusätzlich darauf an, dass die fraglichen Maßnahmen „im Zusammenhang mit Beschränkungen der inländischen Produktion oder des inländischen Verbrauchs angewendet werden.“ Diese Voraussetzung dürfte zumindest theoretisch in der ersten Alternative im Falle von Energiekartellen erfüllt sein, weil sich eine Verhängung von Exportbeschränkungen zumindest bei den meisten energierelevanten Rohstoffen direkt auf die Produktionsmenge auswirken würde, was z.B. im Falle von Rohöl zumindest langfristig zu Förderdrosselungen führen würde.

Schließlich unterliegen derartige Maßnahmen dem allgemeinen Chapeau (Art. XX:1 GATT), wonach sie nicht zu einer willkürlichen und ungerechtfertigten Diskriminierung zwischen Ländern führen dürfen, in denen gleiche Verhältnisse bestehen, *oder* zu einer verschleierten Beschränkung des internationalen Handels.[42] Hierunter fallen nach der ständigen Praxis des *Appellate Body* alle Maßnahmen, die unter dem Deckmantel einer in Art. XX GATT genannten Ausnahme zu einer Beschränkung des internationalen Handels führen.[43] Insgesamt soll der *Chapeau* so einen Ausgleich schaffen zwischen der prinzipiellen rechtlichen Bindung der Mitgliedstaaten an das WTO-Recht und ihrer Möglichkeit, sich auf Ausnahmen zu berufen.

Da die Quoten der OPEC einheitlich gelten, wird man nicht von einer willkürlichen und ungerechtfertigten Diskriminierung sprechen können. Etwas anderes könnte indes für die Frage gelten, ob es sich hier nicht bei Licht besehen um verschleierte Beschränkungen handelt. Soweit man also Exportquoten für energierelevante Rohstoffe an Art. XX (g) GATT misst, stellen sich somit zwei Hauptfragen, nämlich 1. ob es sich um Maßnahmen handelt,

39 *Herrmann/Weiß/Ohler* (Fn. 30), Rn. 531.

40 Appellate Body, *United States – Import Prohibition of Certain Shrimp and Shrimp Products*, WT/DS58/AB/R, Rn. 137 a.E.

41 *Herrmann/Weiß/Ohler* (Fn. 30), Rn. 531.

42 Dazu *Herrmann/Weiß/Ohler* (Fn. 30), Rn. 534 ff.

43 Appellate Body, *United States – Standards for Reformulated and Conventional Gasoline*, WT/DS2/R, 24 f.

die primär auf die Erhaltung erschöpflicher Naturschätze zielen und hier ein vernünftiger und substantieller Zusammenhang besteht, sowie 2. ob es, wenn man einen solchen Zusammenhang feststellen könnte, sich nicht doch um verschleierte Beschränkungen des internationalen Handels handelt.

b) Anwendbarkeit auf zwischenstaatliche Produzentenvereinigungen?

Soweit man energierelevante Rohstoffe als erschöpfliche Ressourcen im Sinne des Art. XX (g) GATT einstuft, könnten Exportrestriktionen, die notwendig sind, damit Energiekartelle ihre Funktion erfüllen können, jedenfalls potentiell unter diese Ausnahme fallen. Bei Lichte besehen überzeugt dieses Ergebnis aber nicht:

Zunächst wird man beachten müssen, dass hier in multilateralen Verhandlungen Exportquoten festgelegt werden. Zielsetzung ist dabei ausdrücklich nicht, die Ressourcen zu schonen, sondern, wie es die OPEC positiv formuliert, die globale „Versorgungssicherheit“ zu garantieren. Negativ formuliert könnte man auch von einer Absicherung der Monopolrente sprechen. Die Zielsetzung ist damit schon von vornherein recht fragwürdig im Lichte des Art. XX (g) GATT. Erschwerend kommt hinzu, dass z.B. die OPEC die Koordinierung der nationalen Erdölpolitiken und die Preisstabilität ausdrücklich als Ziel ausgibt – die Exportquoten also vor dem Hintergrund des *Chapeau* letztlich nicht als Schutz natürlicher Naturschätze klassifiziert werden können. Insgesamt verstoßen Exportquoten im Rahmen von Energiekartellen damit gegen Art. XI GATT.[44]

c) Folgen

Bei den Folgen eines solchen Verstoßes wird man differenzieren müssen: Soweit Exportbeschränkungen zwischen WTO-Mitgliedern greifen, kann das normale Streitschlichtungsverfahren eingeleitet werden – mit allen daraus folgenden Konsequenzen.[45] Bei Energiekartellen, die aus Nicht-WTO-Mitgliedern bestehen (Beispiel: Gas-OPEC mit Beteiligung des Iran oder Russlands), greift dieses Vorgehen allerdings nicht. Vielmehr stellt sich dann die problematische Frage, wie sich das WTO-Recht zu Sachverhalten verhält, die außerhalb seiner eigentlichen Reichweite liegen. Im Falle der OPEC ist darüber hinaus zu fragen, wie sich das WTO-Recht zum Recht der OPEC als internationaler Organisation verhält. Letztlich hat man es hier mit einem Nebeneinander verschiedener rechtlicher Ordnungen zu tun, für das es bislang keine moderierende Meta-Ordnung gibt, denn das universelle Völkerrecht schweigt. Die Problematik der Energiekartelle ist damit letztlich nur innerhalb der WTO lösbar. Und hier stößt man dann wiederum auf das ein-

44 S. dazu auch *Desta* (Fn. 5), 523 ff.; *Terh*echte (Fn. 10), OPEC, 96 ff.

45 Ausführlich dazu *Herrmann/Weiß/Ohler* (Fn. 30), Rn. 250 ff.; *Terhechte*, JuS 2004, 959, 960 f.

gangs erwähnte *Gentlemen's Agreement*, das verhindert, dass Energiekartelle überhaupt zum Gegenstand von Streitschlichtungsverfahren werden – das Recht findet hier also gewissermaßen seinen Meister in der Politik.

4. Weitere Ausnahmen (Art. XI: 2 (a) GATT)

Kurz sei noch auf weitere denkbare Ausnahmen im Rahmen des GATT hingewiesen: Denkbar wäre etwa eine Berufung auf den Schutz der nationalen Zahlungsbilanzen, Art. XI:2 (a) GATT,[46] oder etwa auf Art. XXI GATT, der Ausnahmen zum Schutze der nationalen Sicherheit zulässt.[47] Insbesondere in Bezug auf Uran wäre sicherlich Art. XXI (b) (i) GATT anwendbar, der es den WTO-Mitgliedstaaten erlaubt, Exporte spaltbaren Materials zu unterbinden.[48] Breitflächig (also in Bezug auf Erdöl, Gas oder Kohle) wird man diese Ausnahmen aber nicht zum Zuge kommen lassen können.

V. Regionale Integration und Energiekartelle

1. Energiekartelle und EU

Wirft man einen Blick auf die Problematik der Energiekartelle aus der Perspektive des Unionsrechts, so müssen zwei verschiedene Perspektiven unterschieden werden. Einmal kennt das Unionsrecht selbst mit Art. 35 AEUV ein Verbot mengenmäßiger Ausfuhrbeschränkungen.[49] Hieran wären Energiekartelle zwischen Mitgliedstaaten der EU zu messen, wenn auch das Verhältnis zu Art. 101 AEUV i.V.m. Art. 4 III EUV zu klären wäre. Darüber hinaus ist aber auch das unionale Kartellrecht auf zwischenstaatliche Produzentenvereinigungen anwendbar, selbst wenn die beteiligten Staaten nicht Mitglieder der EU sind.[50] Dies hängt damit zusammen, dass in der Praxis des europäischen Kartellrechts das Auswirkungsprinzip zugrunde gelegt wird.[51] Hier zeigt sich, dass das supranationale Recht sich deutlich vom WTO-Recht unterscheidet, was nicht zuletzt ein Indiz dafür ist, dass es sich tatsächlich um eine neue (und damit andere) Rechtsordnung des Völkerrechts handelt, wie es der EuGH in der *van Gend & Loos*-Entscheidung formuliert hat.[52]

46 *Herrmann/Weiß/Ohler* (Fn. 30), Rn. 737.

47 Dazu etwa *Matsushita/Schoenbaum/Mavroidis* (Fn. 15), 594 ff.

48 S. *Matsushita/Schoenbaum/Mavroidis* (Fn. 15), 596 f.

49 S. dazu etwa *Jensch*, Die Warenausfuhrfreiheit des EG-Vertrags, 2005; *Becker* in: Schwarze (Hrsg.), EU-Kommentar, 2. Aufl. 2009, Art. 29 EGV Rn. 7 ff.; *Terhechte* (Fn. 21), § 31 Rn. 26 ff.

50 *Terhechte* (Fn. 10), OPEC, 31 ff.

51 Dazu ausführlich *Mestmäcker/Schweitzer*, Europäisches Wettbewerbsrecht, 2. Aufl. 2004, § 3 Rn. 34 ff.; *Terhechte*, ZaöRV 68 (2008), 689 ff. (727 ff.) m.w.N.

52 EuGH, Slg. 1963, 1 (24) – van Gend & Loos.

2. *Energiekartelle und NAFTA*

Auch das NAFTA kennt Vorschriften, die potentiell auf Energiekartelle Anwendung finden können. Für die NAFTA-Mitgliedstaaten findet hier *untereinander* Art. 2101.1 NAFTA Anwendung, der im Prinzip auf Art. XX GATT verweist. Insofern sind die bereits angestellten Überlegungen zu übertragen, wobei es einiger Phantasie bedarf, sich eine Konstellation vorzustellen, in der die hier aufgeworfene Fragestellung akut werden könnte (etwa ein US-kanadisches Uran-Kartell zu Lasten Mexikos?). Die einzige Abweichung bei Art. 2101.1 NAFTA im Vergleich mit Art. XX (g) GATT besteht darin, dass das NAFTA ausdrücklich "lebende" Naturschätze einbezieht. Ein mit Art. 101 AEUV-E vergleichbares Kartellverbot kennt das NAFTA aber nicht, sodass man hier auf das Recht der NAFTA-Mitgliedstaaten zurückgreifen müsste.[53] Insbesondere in den USA gibt es Überlegungen darüber, wie man aus der Perspektive des US-Antitrustrechts mit Produzentenvereinigungen umgehen könnte. Bislang sind entsprechende Privatklagen gegen die OPEC regelmäßig an Immunitätsbestimmungen gescheitert.[54] Gegenwärtig wird daher erwogen, die entsprechenden verfahrensrechtlichen Hürden zu beseitigen, was eine gewisse Brisanz in die Fragestellung bringen würde.[55] Doch bislang haben weder die *Federal Trade Commission* noch das *Department of Justice* ernsthaft erwogen, Verfahren gegen zwischenstaatliche Produzentenvereinigungen einzuleiten.

VI. Fazit und Ausblick

Als Fazit bleibt festzuhalten, dass das WTO-Recht Bestimmungen kennt, die zwischenstaatliche Energiekartelle unter WTO-Mitgliedstaaten zulasten von anderen WTO-Mitgliedstaaten theoretisch unterbinden könnten. Praktisch scheitert ein solcher Ansatz aber daran, dass ein solcher Schritt innerhalb der WTO nicht ernsthaft erwogen wird. Etwas anderes könnte jedoch gelten, wenn die Ressourcenknappheit weltweit zunimmt, was langfristig unweigerlich der Fall sein dürfte. Die entscheidende Frage wird dann sein, ob die sich abzeichnenden Verteilungskämpfe auf dem Boden des Rechts oder auf dem

53 S. dazu *Damtoft*, in: Terhechte (Hrsg.), Internationales Kartell- und Fusionskontrollverfahrensrecht, 2008, § 81 Rn. 2.

54 S. etwa *International Ass'n of Machinists & Aerospace Workers (IAM) v. Organization of Petroleum Exporting Countries (OPEC)*, 477 F. Supp. 553 (C. D. 1979); *International Ass'n of Machinists & Aerospace Workers (IAM) v. Organization of Petroleum Exporting Countries (OPEC)*, 649 F. 2d 1354 (9th Cir. 1981); *Prewitt Enterprises, Inc. v. OPEC* 2001 U. S. Dist. Lexis 414 (N. D. Ala. 2001), 2001-1 Trade Cas. (CCH) 73, 246 (N. D. Ala. 2001); aus der Literatur s. nur *Udin* (Fn. 13), 1321 ff.; *Griffin*, 60 Antitrust J. (1991), 543 ff. (548); *Waller* (Fn. 13), 105 ff.

55 Ausführlich dazu *Reinker*, 42 Havard Journal on Legislation (2005), 285 ff.; *Terhechte* (Fn. 10), OPEC, 87 ff.

Boden der Politik ausgetragen werden. Betrachtet man die Entwicklung des Völkerrechts aus der Perspektive der „Verrechtlichung“, so spricht einiges dafür, dass es gelingen könnte, mit Hilfe des WTO-Rechts Konflikte zu vermeiden. Eine Lösung im Rahmen der WTO ist schon vor diesem Hintergrund anzustreben, da unilaterale Vorgehensweisen – dies hat die Vergangenheit gezeigt – eher Abwehrreaktionen heraufbeschwören dürften.

Sicher ist aber, dass das Thema „Energiekartelle im Lichte des WTO-Rechts“ in den nächsten Dekaden erheblich an Bedeutung gewinnen wird. Schon der problematische Zusammenhang zwischen Energiekartellen und Klimawandel, der eingangs erwähnt wurde, aber auch die langfristige Verteilungsproblematik sprechen dafür, das multilaterale Handelssystem zu stärken,[56] auch wenn diese Forderung gegenwärtig eher unpopulär ist.

56 Zur künftigen Entwicklung der WTO s. etwa *Hilf/Oeter*, WTO-Recht, 2004, § 37 Rn. 24 ff.

Subventionierung von erneuerbaren Energieträgern im Spannungsfeld von WTO- und EU-Beihilferecht

Dr. Martin Lukas
EU-Kommission, Generaldirektion Handel, Brüssel

A. Begriff und Abgrenzungsfragen

Die Diskussion über die Sinnhaftigkeit von staatlichen Förderungsmaßnahmen für erneuerbare Energieträger wird oft leidenschaftlich geführt. Im Vordergrund stehen hier oft politische und volkswirtschaftliche Argumente, und gerade im Handelsbereich werden auch bei dieser Frage Divergenzen zwischen Industrie- und Entwicklungsländern angesprochen. In diesem Zusammenhang ist die Kritik zu nennen, dass durch Förderung von Ethanol in Industriestaaten und die daraus resultierende erhöhte Nachfrage nach Mais die Nahrungsmittelsicherheit für breite Teile der Bevölkerung in Entwicklungsländern gefährdet ist.[1] Aber auch in der juristischen Fachliteratur wird dieses Thema seit einigen Jahren diskutiert.

Ich möchte die Thematik der „Subventionierung von erneuerbaren Energieträgern" in zweierlei Hinsicht einschränken. Zum ersten ist der Begriff „erneuerbare Energieträger" sehr weit gefasst. Darunter fallen, nach der Legaldefinition der „EU-Erneuerbare Energien Richtlinie"[2] Energie von erneuerbaren, nicht fossilen Energieträgern wie Wind, Sonne, geo-, hydro-, aerothermale Energie, Gezeitenkraftwerke, Wasserkraft, Biomasse und Biogase. Ich möchte mich in diesem Beitrag auf Biokraftstoffe konzentrieren, also Treibstoff, der aus Biomasse gewonnen wird. Dieser Energieträger ist im Brennpunkt der Diskussion und viele der Rechtsfragen, die sich bei Unterstützungsmaßnahmen für Biokraftstoffe stellen, ergeben sich auch für andere Energieträger.

Eine zweite Abgrenzung, die ich vornehmen will, bezieht sich auf den Begriff der „Subventionierung". In der Diskussion wird dieser oft weit gefasst, und umfasst unter anderem die Auswirkungen eines hohen Außenzolls auf die hei-

1 Vgl. http://en.wikipedia.org/wiki/Food_vs_fuel, 30.12.2009.
2 Richtlinie 2009/28/EG des Europäischen Parlaments und des Rates vom 23. April 2009 zur Förderung der Nutzung von Energie aus erneuerbaren Quellen und zur Änderung und anschließenden Aufhebung der Richtlinien 2001/77/EG und 2003/30/EG, ABl. L 140/16, 5.6.2009.

mische Produktion von erneuerbaren Energieträgern. Ich möchte diesen zwar sehr interessanten aber doch eher volkswirtschaftlich relevanten Ansatz nicht verfolgen, sondern auf den Bereich der „Subvention" und „staatliche Beihilfe" nach den Definitionen im WTO- und EU-Beihilfenrecht beschränken.

Dieser Beitrag ist in drei Teile gegliedert. Zuerst werde ich einen Überblick über existierende Fördermaßnahmen, insbesondere für Biokraftstoffe, geben. Nach einem kurzen Überblick über die anwendbaren WTO- und EU-Beihilferegeln werden wir uns den besonderen Rechtsfragen im Bereich Biokraftstoffe zuwenden und hier auch einige besondere Fragen hinsichtlich anderer erneuerbarer Energieträger ansprechen, insbesondere im Bereich der Stromgewinnung.

B. Unterstützungsmaßnahmen für Biokraftstoffe

Eine Art und Weise, Unterstützungsmaßnahmen zu kategorisieren, ist, sie entlang der wirtschaftlichen Produktionskette zu definieren. Sie sehen dies in einer Graphik, die einem Papier der „Global Subsidies Initiative" entnommen ist.[3]

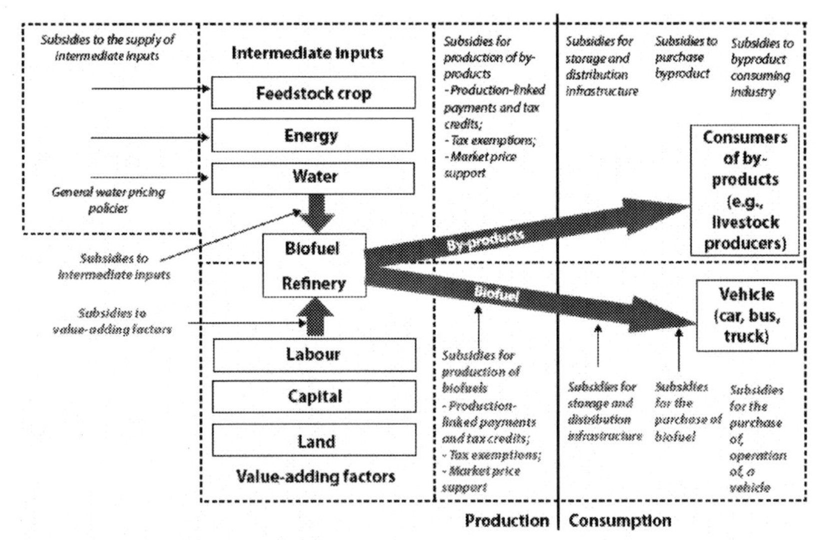

Bild: Subventionen entlang der Produktionskette.

3 „Biofuels – At What cost? Government support for ethanol and biodiesel in the European Union", Global Subsidies Initiative (GSI), 2007, 8.

Je nach Produktionsstufe sind unterschiedliche Formen von Unterstützungsmaßnahmen typischerweise besonders prominent vertreten. Und da diese unterschiedlichen Formen jeweils besondere Rechtsfragen aufwerfen, werden wir diese Kategorisierung auch im dritten Abschnitt beibehalten.

I. Unterstützungsmaßnahmen für Inputprodukte

Es gibt zwei Formen von Biokraftstoffen. Ethanol, das aus Zuckerrohr, Zuckerrübe, Mais und Weizen gewonnen wird und Biodiesel, der aus Pflanzenölen hergestellt wird, z.B. aus Soja. Subventionen für diese Produkte müssen an die WTO notifiziert werden. Ich möchte hier als Beispiel das US Department of Agriculture Bioenergy Program anführen. Danach waren Zahlungen an Produzenten von Biodiesel vorgesehen, wenn sie bestimmte Rohmaterialen bei der Erzeugung verwendet haben.[4] Das Programm wurde 2006 ausgesetzt, wurde aber mittlerweile wieder in Kraft gesetzt.[5]

In der EU war seit 2003 die sog. „Energy Crop Scheme" in Verwendung, unter der Zahlungen an Bauern geleistet wurden, die Inputprodukte für die Energieerzeugung angebaut haben. Dieses Subventionsprogramm wurde 2008 eingestellt.[6]

II. Unterstützungsmaßnahmen für die Produktion

Unterstützungsmaßnahmen werden sowohl für die Produktion an sich als auch für Investitionsgüter gewährt. Beispiele für Investitionsbeihilfen für Biokraftstofferzeugung sind das „Australian Biofuels Capital Grants Program"[7], der „US Energy Policy Act of 2005"[8] und der „North Dakota biodiesel production equipment tax credit"[9]. In Deutschland werden Zuschüsse für „Pilotprojekte für erneuerbare Energie" in der Höhe von 8 Millionen Euro pro Jahr über den Zeitraum 2005–2010 gewährt.[10]

---

4 Dieses Programm wurde auch in einem Ausgleichszollverfahren, das die EU-Biodieselindustrie beantragt hat, von der EU-Kommission untersucht. Siehe Verordnung (EG) Nr. 194/2009 der Kommission vom 11. März 2009 zur Einführung eines vorläufigen Ausgleichszolls auf die Einfuhren von Biodiesel mit Ursprung in den Vereinigten Staaten von Amerika", ABl. L 67/50, 12.3.2009, nachfolgend „US Biodiesel Ausgleichszollverordnung".

5 S. US Biodiesel Ausgleichszollverordnung, Rn. 73 bis 86.

6 S. „Biofuels – At What cost? Government support for ethanol and biodiesel in the European Union", Global Subsidies Initiative (GSI), 2007, nachfolgend „GSI-EU", 51 f.

7 S. „Biofuels – At What Cost? Government support for ethanol and biodiesel in selected OECD countries", 2007, nachfolgend „GSI-OECD", 32.

8 Zuschüsse und Kreditbürgschaften für Ethanolfabriken, *idem* 33.

9 Dieses Programm wurde im Ausgleichszollverfahren hinsichtlich Biodiesel als ausgleichsfähige Subvention angesehen. S. US Biodiesel Ausgleichszollverordnung, Rn. 124 –128.

10 S. GSI-EU, 55.

Produktionsbeihilfen im engeren Sinn können für Biokraftstoffe an sich oder für Nebenprodukte gewährt werden, ohne die die Produktion von Biokraftstoffen nicht wirtschaftlich wäre.[11]

In Kanada wurden Zuschüsse an Produzenten von Biokraftstoffen eingeführt, die im Haushalt mit C$ 1.5 Milliarden über sieben Jahre angesetzt wurden.[12]

In der EU wurden Unterstützungsmaßnahmen durch sog. „Krisen-Destillation" gewährt, die nach der Gemeinsamen Marktordnung für Wein möglich war. Der im Rahmen dieser Aktionen gewonnene Alkohol musste in der Regel industriellen Zwecken zugeführt werden, unter anderem der Biokraftstofferzeugung.[13] Dieses Instrument wurde allerdings mittlerweile ersatzlos abgeschafft.

In Brasilien können seit 2004 Biodiesel-Erzeuger und Importeure zinsgünstige Kredite beantragen und von reduzierten Steuersätzen bei Steuern auf Bundesebene profitieren (z. B. „PIS/PASEP" and „COFIN"). Es wird berichtet, dass diese steuerlichen Unterstützungsmaßnahmen Biodieselproduzenten gewährt werden, die vorweisen können, dass ein Mindestanteil an ihren Gesamtankäufen an Rohstoffen von Kleinbauern („family farmers") in bestimmten Regionen stammt.[14]

III. Unterstützungsmaßnahmen für den Verbrauch/Verkauf/ Marketing

Unterstützungsmaßnahmen finden sich hier primär in der Form von Befreiungen von Verbrauchssteuern. 1975 wurde dieser Trend in den USA begonnen, als „gasohol" vom „fuel-excise tax" befreit wurde.[15] Biokraftstoffbeimischer (sog. „Biofuel blenders") bekommen einen excise tax credit pro Gallone Ethanol oder Biodiesel, der Benzin beigemischt wird.[16] Weitere ähnliche Befreiungen von „sales tax" gibt es in zahlreichen US Bundesstaten.

Auch in der EU werden Unterstützungsmaßnahmen primär durch Ausnahmen von Verbrauchssteuern gewährt. EU-Mitgliedsstaaten können Biokraftstoffe

11 Vgl. US Biodiesel Ausgleichszollverordnung, in der einige dieser Programme (oft in der Form von Steuererleichterungen) beschrieben sind.

12 S. GSI-OECD, 26.

13 Vgl. GSI-EU, 48.

14 Vgl. Bericht des WTO Sekretariats im Rahmen des Trade Policy Reviews über Brasilien 2009, WT/TPR/S/212 2 February 2009, 114.

15 S. GSI-OECD, 22 f.

16 Diese bis 2004 auf Bundesebene geltende Befreiung folgten nach deren Ersatz durch eine Einkommenssteuerbefreiung ähnliche Steuerbefreiungen durch US Bundesstaaten. Siehe GSI-OECD, 23.

auf Grund der „EU-Energiebesteuerungsrichtlinie“[17] von der Besteuerung ausnehmen. In 2005-2006 haben alle Mitgliedstaaten (außer Finnland) diese Form der Unterstützungsmaßnahmen für Biokraftstoffe gewählt, entweder durch volle oder teilweise Steuerbefreiung.[18]

IV. Unterstützungsmaßnahmen für Forschung und Entwicklung

In der EU findet diese Art der Förderung über das EU-Forschungsrahmenprogramm statt oder durch Programme in den EU-Mitgliedsstaaten. In Brasilien hat die „Brazilian Agricultural Research Corporation“ (EMBRAPA) ein spezielles Programm für Forschung und Entwicklung von landwirtschaftlich erzeugter Energie eingerichtet, das auf Ethanol fokussiert ist.[19] In den USA sieht der „US Energy Policy Act 2005“ 4 Milliarden USD für Forschung und Entwicklung für Ethanol vor.[20]

V. Regulierungsmaßnahmen bezüglich Biokraftstoffe

Neben Steuerbefreiungen sind Verpflichtungen zur Verwendung von Biokraftstoffen das wichtigste Steuerungsinstrument in diesem Politikbereich. In der EU verlangt die „EU-Biokraftstoff Richtlinie“[21] ein Ziel von 5.75 % Anteil von Biokraftstoffen im Bereich Verkehr bis 2010. Dies wurde durch die EU-Erneuerbare Energien Richtlinie auf 10% erhöht, allerdings unter Hinzufügung von Nachhaltigkeitskriterien (zum Beispiel müssen alle Biokraftstoffe eine Bedingung zur 35%-igen Reduktion von Glashausgasen erfüllen und dürfen nicht von bestimmten Formen von Grund und Boden stammen). Seit 2007 haben mehr als die Hälfte der EU-Mitgliedsstaaten eine Vermen-

17 Richtlinie 2003/96/EG des Rates vom 27. Oktober 2003 zur Restrukturierung der gemeinschaftlichen Rahmenvorschriften zur Besteuerung von Energieerzeugnissen und elektrischem Strom, ABl. L 283/51, 31.10.2003.

18 S. Mitteilung der Kommission an den Rat und an das Europäische Parlament, Fortschrittsbericht „Erneuerbare Energien“: Bericht der Kommission gemäß Artikel 3 der Richtlinie 2001/77/EG und Artikel 4 Absatz 2 der Richtlinie 2003/30/EG sowie über die Umsetzung des EU-Aktionsplans für Biomasse (KOM(2005)628), nachfolgend „Fortschrittsbericht „Erneuerbare Energien“„, 7.

19 In der Größenordnung von USD 600 Millionen über den Zeitraum 2007-10. Vgl. Bericht des WTO Sekretariats im Rahmen des „WTO Trade Policy Reviews“ über Brasilien 2009, 114.

20 Über einen Zeitraum von 2006-2015. Siehe “Incentive schemes to promote renewable and the WTO law of subsidies“, *Sadeq Z. Bigdeli*, in „International Trade Regulation and Climate Change“, 2008, 164.

21 Richtlinie 2003/30/EG des Europäischen Parlaments und des Rates vom 8. Mai 2003 zur Förderung der Verwendung von Biokraftstoffen oder anderen erneuerbaren Kraftstoffen im Verkehrssektor, ABl. L 123, 17.5.2003.

gungsverpflichtung eingeführt, in der Regel verbunden mit einer Erhöhung der Steuerlast für Biokraftstoffe.[22]

In den USA hat der Energy Policy Act 2005 ein Mindestziel des Anteils an Biokraftstoffen festgelegt und es gibt Vermengungsverpflichtungen in bestimmten US-Bundesstaaten.[23]

C. Anwendbare WTO und EU-Beihilferegeln

I. WTO-Recht

Subventionen, die den Handel mit Gütern betreffen, unterliegen dem WTO-Subventionsübereinkommen (WTO-SÜ). Das WTO- Landwirtschaftsübereinkommen (WTO-LÜ) enthält Sonderregeln für Subventionen für landwirtschaftliche Produkte. Soweit das WTO-LÜ jedoch keine abweichenden Regeln vorschreibt, gilt auch für landwirtschaftliche Produkte das WTO-SÜ.[24] Da Ethanol als landwirtschaftliches Produkt gemäß Artikel 2 WTO-LÜ definiert ist, ist das WTO-LÜ auf Unterstützungsmaßnahmen für Ethanol anwendbar. Biodiesel und Vermengungen von Ethanol mit fossilen Brennstoffen fallen nicht unter die Definition des Artikel 2 WTO-LÜ, daher ist nur das WTO-SÜ maßgeblich.

Nach Artikel 1 WTO-SÜ liegt dann eine Subvention vor, wenn ein finanzieller Beitrag einer Regierung dem Empfänger einen Vorteil gewährt. Subventionen sind nach Artikel 2 WTO-SÜ „spezifisch“, wenn nur bestimmte Unternehmen Subventionen in Anspruch nehmen können. Das Regelungssystem des WTO-SÜ wird oft nach dem „Ampelprinzip“ beschrieben: Rote Subventionen (an Ausfuhrleistung oder an die Verwendung von heimischen Produkten gebunden) sind verboten. Gelbe Subventionen (alle „spezifischen“ Subventionen) sind anfechtbar: Sie sind im Rahmen eines Ausgleichszollverfahrens ausgleichsfähig oder in WTO-Streitbeilegung anfechtbar, wenn sie „nachteilige Auswirkungen“ beziehungsweise eine „materielle Schädigung“ der heimischen Industrie herbeiführen. „Grüne“ Subventionen sind erlaubt: Ausdrücklich genannt waren Subventionen für regionale Entwicklung, Umweltschutz und Forschung und Entwicklung (die entsprechenden Regelungen sind jedoch 1999 ausgelaufen). Seit diesem Zeitpunkt sind alle nicht-spezifischen Subventionen und spezifische, die nicht nachteilige Auswirkungen haben, erlaubt.[25]

22 Fortschrittsbericht „Erneuerbare Energien“ 7.

23 GSI-OECD, 27.

24 Dies gilt nach dem Auslaufen der sog. „Peace Clause“ in Art. 13 WTO-LÜ.

25 Vgl. *Lukas*, Anfechtbare Subventionen nach dem WTO-Subventionsübereinkommen in: *Ehlers/Wolffgang/Schröder* (Hrsg.), Subventionen im WTO-und EG-Recht, 2007.

Nach dem WTO-LÜ gilt eine andere Farbenlehre, nach der es für produktionsbezogene Subventionen Obergrenzen und Reduzierungsverpflichtungen gibt. Ausfuhrsubventionen sind erlaubt, solange sie im festgesetzten Rahmen bleiben.[26]

II. EU-Beihilfenrecht

Unterstützungsmaßnahmen im Rahmen der Gemeinsamen Agrarpolitik der EU sind nicht von normalen Regeln des EU Beihilfenrechts umfasst, was insbesondere Unterstützungsmaßnahmen für Inputprodukte betrifft. Zentrale Regel des EU-Beihilfenrechts ist Art. 87 EGV (nun Art. 107 EUV): Diese geht von einem grundsätzlichen Verbot von staatlichen Beihilfen aus. Vier Elemente sind für das Vorliegen einer Beihilfe zu prüfen: Transfer von staatlichen Ressourcen, Vorteilsgewährung, Selektivität, nachteilige Auswirkungen auf Wettbewerb und Handel zwischen Mitgliedsstaaten. Relevant sind für Beihilfen für erneuerbare Energieträger insbesondere die Umweltschutzbeihilfen-Richtlinien[27]. Diese nehmen Bezug auf die Nachhaltigkeitskriterien in der Erneuerbare Energien-Richtlinie. Maßnahmen, die die Nachhaltigkeitskriterien nicht berücksichtigen, werden nicht bewilligt.[28]

Für die beihilfenrechtliche Prüfung von Verbrauchssteuern gilt die EU-Energiebesteuerungsrichtlinie. EU-Mitgliedsstaaten können unterschiedliche Steuersätze für ähnliche Produkte festlegen, sofern bestimmte Mindestsätze nicht unterschritten und Binnenmarkt und Wettbewerbsregeln eingehalten werden. Erneuerbare Energieträger (einschließlich Biokraftstoffe) können von der Besteuerung ausgenommen werden.

D. Besondere Fragen hinsichtlich der Anwendung von WTO- und EU-Beihilferegeln für Biokraftstoffe

I. Unterstützungsmaßnahmen für Inputprodukte

Nach WTO-Gesichtspunkten ist zuerst zu prüfen, ob neben dem WTO-SÜ auch das WTO-LÜ Anwendung findet. Beide Übereinkommen wurden in einem kürzlich zum Abschluss gebrachten Verfahren angewendet, in dem es um Subventionen für US-Baumwollproduzenten ging.[29] In diesem Fall

26 Vgl. *Franken*, Ausfuhrsubventionen nach dem Landwirtschaftsübereinkommen in: *Ehlers/Wolffgang/Schröder* (Hrsg.), Subventionen im WTO-und EG-Recht, 2007.

27 „Leitlinien der Gemeinschaft für Staatliche Umweltschutzbeihilfen", ABl. C 82/1, 1.4.2008.

28 Umweltschutzbeihilfen-Richtlinien, Rn. 49.

29 *United States* — Subsidies on Upland Cotton (DS267).

waren Subventionen im Rahmen der Ausfuhrfinanzierung und Produktionssubventionen über die im WTO-LÜ festgesetzten Grenzen hinaus gewährt. Die WTO-Streitbeilegungsorgane befanden auch, dass die Subventionen anfechtbar waren und „nachteilige Auswirkungen“ im Sinne des WTO-SÜ verursachten. Brasilien hat, nachdem die USA den Empfehlungen des WTO-Streitbelegungsorgans nicht vollständig nachgekommen waren, Handelssanktionen beantragt.

Ein weiterer WTO-Streitbeilegungsfall wurde von Kanada und Brasilien hinsichtlich US-Subventionen für Mais angestrengt. Brasilien focht hier ausdrücklich Steuerbefreiungen für Benzin und Diesel an. Ein Panel wurde eingerichtet, die Antragsteller haben jedoch das Verfahren nicht weiterverfolgt.[30]

Subventionen für Inputprodukte werden für Produzenten von Biokraftstoffen jedoch nur dann schlagend, wenn sie zu ihnen „durchdringen“ („pass-through“). In einem Verfahren hinsichtlich eines US-Ausgleichszollverfahrens bezüglich kanadischer Subventionen für holzverarbeitende Betriebe, stellte der WTO-Appellate Body klar, dass ein „pass-through“ von Subventionen für Inputprodukte nicht einfach angenommen werden darf, sondern gesondert untersucht werden muss. [31] Relevant wäre in diesem Zusammenhang, ob verbundene Unternehmen vorliegen. In diesem Fall wäre ein „pass-through“ einfacher nachzuweisen.

Hinsichtlich des EU-Beihilfenrechts sei erwähnt, dass Programme der EU-Mitgliedsstaaten nur dann dem Beihilfenrecht für landwirtschaftliche Produkte unterliegen, wenn sie im Annex I EGV genannt sind.

II. Unterstützungsmaßnahmen für die Produktion

Nach WTO-SÜ sind Steuerbefreiungen, Steuergutschriften und Zuschüsse, die häufig als Unterstützungsmaßnahmen für die Produktion von Biokraftstoffen herangezogen werden, als Subventionen anzusehen. Diese sind in der Regel spezifisch, da sie oft den ausschließlichen Zweck erfüllen, nur diese Produkte zu fördern. Diese waren auch die Hauptform der Unterstützungsmaßnahmen im US-Biodiesel Ausgleichszollverfahren.

Für Steuerbefreiungen und Steuergutschriften ist relevant, ob die Steuerleistung in Abwesenheit der Befreiung/Gutschrift fällig wäre (Artikel 1 WTO-SÜ: „government revenue otherwise due“).

30 *United States* — Domestic Support and Export Credit Guarantees for Agricultural Products (DS365).

31 *United States* — Final Countervailing Duty Determination with respect to certain Softwood Lumber from Canada, WT/DS257/AB/R, 19.1.2004, Rn. 147.

Der einschlägige Präzedenzfall für diese Frage ist der WTO-Streitbeilegungsfall US-Foreign Sales Corporations.[32] Der normative Maßstab muss im Steuersystem des subventionsgewährenden Staates selbst gefunden werden. Die Tatsache, dass Steuersätze in einem anderen Staat höher sind, ist irrelevant. Die Vergleichsbasis muss die steuerliche Behandlung von rechtmäßig vergleichbarem Einkommen sein. Der normative Maßstab muss daher fallbezogen ermittelt werden. Eine Subvention liegt dann vor, wenn es einen allgemein anwendbaren Steuersatz mit einer Ausnahme gibt oder eine gesondert eingeführte Steuergutschrift vorliegt.

Eine weitere wichtige Frage, die sich für diese Form der Unterstützungsmaßnahmen stellt, ist, ob die Subvention von der Verwendung heimischer Produkte abhängig ist, zum Beispiel, ob Bedingung ist, dass heimische Anbauprodukte für die Biokraftstofferzeugung verwendet werden. In diesem Fall liegt eine nach Artikel 3 WTO-SÜ verbotene Einfuhrsubstitutionssubvention vor. Als Beispiel könnte die schon in Abschnitt 2.2 erwähnte brasilianische Steuerbefreiung herangezogen werden, die daran geknüpft ist, dass ein Mindestanteil an den Gesamtankäufen an Rohstoffen von Kleinbauern in bestimmten Regionen erfolgt. Diese Bedingung kann unter Umständen auch faktisch („de facto“) vorliegen, wenn vorgeschrieben ist, dass nur ein bestimmtes Inputprodukt verwendet werden darf, welches im Gebiet des subventionsgewährenden Staates vorwiegend angebaut wird.

Bei der Prüfung nach EU-Beihilfenrecht sind die Umweltschutzbeihilfen-Richtlinien heranzuziehen. Diese beziehen sich auf den „State Aid Action Plan“ von 2005, nach dem eine Abwägung vorzunehmen ist zwischen den positiven Auswirkungen der Maßnahme (klar definiertes Ziel im Gemeinschaftsinteresse wie Umweltschutz oder Energiesicherheit und richtig ausgestaltet, um dieses Ziel zu erreichen) und den negativen Auswirkungen auf Handel und Wettbewerb. Wenn diese Abwägung positiv ausfällt, die Beihilfe also verhältnismäßig ist, kann die Beihilfe gewährt werden. Die Umweltschutzbeihilfen-Richtlinien legen Bedingungen für Beihilfen für erneuerbare Energieträger fest. Zum Beispiel darf die Beihilfenintensität für Investitionsbeihilfen 60% nicht überschreiten.[33]

III. Unterstützungsmaßnahmen für den Verbrauch/Verkauf/ Marketing

Subventionen, die Verbrauchern oder Verwendern von Biokraftstoffen gewährt werden (z. B. niedrigere Verbrauchssteuersätze oder Förderung von Fahrzeugen, die für Biokraftstoffe geeignet sind), werden in den meisten

32 *United States* — Tax Treatment for „Foreign Sales Corporations“ (DS108).
33 S. Umweltschutzbeihilfen-Richtlinien, Rn. 102.

Fällen nicht unter dem WTO-SÜ anfechtbar sein. Oft wird der Kreis der potentiell Anspruchsberechtigten so groß sein, dass keine Spezifität vorliegt. Bei Ausgleichszollverfahren wird oft auch die Bedingung nicht vorliegen, dass die Subvention für die Erzeugung der eingeführten Ware gewährt wird.[34] In jedem Fall wäre hier ein „pass-through" des Vorteils der „downstream" Subventionen an die Produzenten zu prüfen. Es müssten Beweise vorliegen, dass der Subventionsempfänger die Subvention zumindest teilweise durch einen höheren Kaufpreis an den Produzenten weitergegeben hat. Wenn „downstream" Subventionen sowohl der heimischen als auch Drittlandsproduktion zugute gekommen sind, wird es schwierig sein, einen Kausalzusammenhang zwischen der Subventionierung und nachteiligen Auswirkungen im Sinne des Artikels 5 WTO-SÜ nachzuweisen.

Nach EU-Beihilfenrecht stellen Verbrauchssteuerbefreiungen grundsätzlich staatliche Beihilfen dar, die notifiziert werden müssen. Wenn sie jedoch mit der EU-Energiebesteuerungsrichtlinie in Einklang sind, liegen keine verbotenen staatlichen Beihilfen vor.

IV. Unterstützungsmaßnahmen für Forschung und Entwicklung

Im WTO-Recht gab es bis 1999 besondere Regeln für die Behandlung von Subventionen für Forschung und Entwicklung.[35] Nun gelten auch für diese Unterstützungsmaßnahmen die allgemeinen Regeln für anfechtbare Subventionen im WTO-SÜ.

Für die EU-beihilfenrechtliche Prüfung sind sowohl die Umweltschutzbeihilfen-Richtlinien also auch die Richtlinien für Beihilfen für Forschung und Entwicklung[36] anzuwenden.

V. Regulierungsmaßnahmen bezüglich Biokraftstoffe

Für die WTO-rechtliche Behandlung von Regulierungsmaßnahmen ist maßgeblich, ob die Maßnahme unter den Subventionsbegriff des WTO-SÜ fällt. Der einschlägige WTO-Streitbeilegungsfall ist diesbezüglich der US-E-Fall[37]. Der Panel hielt fest, dass nur dann eine Subvention vorliegt, wenn die Maßnahme in eine der in Artikel 1 WTO-SÜ aufgezählten Kategorien von „finanzieller Beitrag der Regierung" fällt. Ausfuhrbeschränkungen fielen in diesem Fall nicht darunter. Auch bei Vermengungsverpflichtungen von Biokraftstoff wird dies in der Regel zu verneinen sein.

34 Vgl. US Biodiesel Ausgleichszollverordnung, Rn. 97.

35 Artikel 8 und 31 WTO-SÜ.

36 Gemeinschaftsrahmen für staatliche Beihilfen für Forschung, Entwicklung und Innovation, ABl. C 323, 30.12.2006, 1–26.

37 *United States* — Measures Treating Export Restraints as Subsidies (DS194).

Wir wechseln nun zu Unterstützungsmaßnahmen im Bereich der Elektrizitätsgewinnung. Ein interessantes Problem stellt die rechtliche Bewertung von Einspeisungsgesetzen („feed-in laws"), die Preise für Elektrizität festsetzen und vorrangigen Netzzugang festschreiben, dar. In der Literatur[38] wird vertreten, dass diese Maßnahmen unter den WTO-Subventionsbegriff fallen. Dies wird mit Verweis auf Artikel 1.1.a.2 WTO-SÜ begründet.[39] Meines Erachtens ist dieser Argumentation aus zwei Gründen nicht zu folgen. Erstens findet dieser Ansatz wohl kaum Deckung im Wortlaut der erwähnten Bestimmung. Das WTO-SÜ spricht von „price support", („Preisunterstützung"), nicht „price regulation" (Preisregelung). Das Wort „support" wird im Text der Bestimmung sowohl im Zusammenhang mit „income" als auch „price" verwendet, und muss daher den gleichen Begriffsinhalt haben. Es ist jedoch äußerst unwahrscheinlich, dass staatliche Einkommensregulierung (z. B. Mindestlöhne) vom Regelungsbereich des WTO-SÜ umfasst werden sollten. Das muss daher auch für Preisregelungen gelten. Die Auslegung, dass mit „price support" Zuzahlungen an Produzenten im Rahmen eines Mindestpreis- oder Interventionssystems gemeint ist, ist überzeugender. Zweitens wäre ein derartiger Ansatz im Widerspruch zu dem Prinzip, dem alle anderen in Artikel 1 WTO-SÜ aufgezählten Formen des „finanziellen Beitrags" folgen: Alle beinhalten einen tatsächlichen oder potentiellen Wertetransfer. Es wäre wohl systemwidrig anzunehmen, dass nur eine bestimmte Form der staatlichen Intervention einem Prinzip folgen würde, das den Regelungsbereich des WTO-SÜ erheblich erweitern würde.

Der einschlägige Präzedenzfall im EU-Beihilfenrecht ist PreussenElektra[40]. Der EuGH befand, dass ein Erfordernis, einen bestimmten Prozentsatz der Energieproduktion von erneuerbaren Energieträgern festzusetzen, nicht als Beihilfe anzusehen wäre, da kein Transfer von staatlichen Ressourcen vorliegen würde. Wendet man diesen Ansatz auf Beimengungsverpflichtungen für Biokraftstoffe an, wäre wohl auch davon auszugehen, dass diese Bedingung nicht vorliegt.

E. Schlussfolgerungen und Ausblick

Im Bereich der EU-internen Regelungen sind in naher Zukunft wichtige Schritte zu erwarten, die erheblichen Einfluss auf die Gewährung von Unterstützungsmaßnahmen für erneuerbare Energieträgern haben wird. Die Erneuerbare Energien-Richtlinie muss von den EU-Mitgliedsstaaten bis 5. Dezember 2010 umgesetzt werden. Im EU-beihilfenrechtlichen Rahmen

38 Vgl. *Sadeq Z. Bigdeli*, 170 ff.
39 „Any form of income or price support in the meaning of Article XVI of GATT 1994".
40 *PreusenElektra AG und Schleswag AG*, EuGH C-379/98.

ist gegenwärtig eine Überprüfung der EU-Energiebesteuerungsrichtlinie in Vorbereitung.

Auf internationaler Ebene ist sowohl der Handel mit erneuerbaren Energieträgern als auch deren Subventionierung im Steigen begriffen. Viele Staaten sehen Unterstützungsmaßnahmen als unabdingbares umweltschutzpolitisches Instrument. Da dieser Ansatz sehr umstritten ist, könnte sich der Druck erhöhen, diese Frage im Rahmen eines WTO-Streitbeilegungsverfahrens zu klären. Dies wird jedoch nur sehr eingeschränkt möglich sein, da, wie in diesem Beitrag dargestellt wurde, die Anwendung von WTO-Regeln je nach Form der Unterstützungsmaßnahme zu sehr unterschiedlichen Ergebnissen führt.

Es gibt daher auch vereinzelt Vorschläge, das Thema der Subventionen für erneuerbare Energieträger im Rahmen der WTO-Verhandlungen über ein neues WTO-SÜ zu behandeln – um dies jedoch umzusetzen, wäre die Zustimmung aller WTO-Mitglieder erforderlich. Die Möglichkeit, den WTO-Streitbeilegungsmechanismus anzuwenden, besteht allerdings schon heute. Angesichts erhöhten Handelsvolumens für erneuerbare Energieträger, steigender Bereitschaft von Regierungen, diese zu fördern, und diametral entgegengesetzte Interessenslagen unter WTO-Mitgliedern in dieser Frage, lassen es wahrscheinlich erscheinen, dass einige der Rechtsfragen, die in diesem Beitrag angesprochen wurden, bald von WTO-Streitbeilegungsgremien entschieden werden müssen.

Diskussion

Zusammenfassung:
Michael Martschinke, Doktorand am Institut für öffentliches Wirtschaftsrecht, Universität Münster

Die Diskussion entzündete sich an Herrn Dr. *Terhechtes* (Universität Hamburg) These, dass Erdölförderquoten regelmäßig wegen verschleierten Beschränkung des Handels einen Verstoß gegen Art. XI GATT darstellten und auch nicht durch Art. XX GATT zu rechtfertigen seien. Dem widersprach unter anderen Prof. Dr. *Herrmann* (Universität Passau): Der Begriff der Maßnahme gleicher Wirkung in Art. XX GATT sei bei Exportbeschränkungen deutlich restriktiver auszulegen als bei Importbeschränkungen, weshalb ein etwaiger Verstoß gegen Art. XI GATT zumindest regelmäßig gerechtfertigt sei. Schon gegen eine tatbestandliche Betroffenheit des Art. XI GATT sprachen sich Herr *Schloemann,* LL.M., (MSBH Bernzen, Sonntag Rechtsanwälte) und PD Dr. *Ulusoy* (Universität Münster) aus: Förderquoten seien keine Exportquoten. Eine dahingehende Gleichstellung führe zu einer abzulehnenden Erdölextraktionspflicht, die sich für den betroffenen Staat als Konzessionierungspflicht der Erdölproduzenten ausdrücke.

Dr. *Terhechte* entgegnete auf diese Sichtweise, es ginge nicht um die Fördermenge des Erdöls an sich, sondern vielmehr um den Druck, den die jeweiligen Regierungen auf die produzierenden Unternehmen ausübten. Dieses staatliche Verhalten erfülle sehr wohl den Tatbestand des Art. XI GATT. Dr. *Pitschas,* LL.M., (MSBH Bernzen, Sonntag Rechtsanwälte) wies darauf hin, dass diese etwaige Einflussnahme aber zumindest nicht die erforderliche grenzüberschreitende Qualität aufweise, sondern ein dem WTO-Recht nicht zugänglicher staatsinterner Prozess sei. Auf die Replik von Herrn Dr. *Terhechte*, wonach es in der Sache gar nicht um die innerstaatliche Einwirkung auf den Produktionsprozess, sondern vielmehr um die sich grenzüberschreitend auswirkende Preisbildung „am grünen Tisch" gehe, entgegnete Dr. *Pitschas*, dass die Art und Weise der Preisbildung innerhalb der OPEC direkt nicht zu einer Verletzung des GATT führen könne – die OPEC selber sei kein WTO-Mitglied. Einigkeit bestand zwischen den Diskutanten insofern, als dass durch das WTO-Recht in jedem Falle kein Erdölproduktionszwang statuiert werden könne.

Die an den Vortrag von Herrn Dr. *Lukas* (EU-Kommission, Generaldirektion Handel) anschließende Diskussion befasste sich in ihrem ersten Teil mit der noch nicht entschiedenen Frage nach der Reichweite des Art. 1.1 (a)

(2) SCM. Während Dr. *Pitschas* in der Vorschrift bei weiter Auslegung der dortigen Formulierung „any form of income or price support" einen Auffangtatbestand sah, der nicht nur auf den schlichten Transfer von finanziellen Ressourcen zugeschnitten sei, sondern vor dem Hintergrund der Förderung erneuerbarer Energieträger auch jede Form staatlicher Regulierung mit Preisbildungseffekten erfasse, plädierte Dr. *Lukas* für ein restriktiveres Verständnis der Regelung: Eine Auslegung als Auffangtatbestand sei systemwidrig, da staatliche Regulierungsmaßnahmen nach dem Konzept des Übereinkommens grundsätzlich nicht vom SCM erfasst werden sollen. In jedem Falle könne nicht jede Maßnahme mit Preisbildungseffekten als Subvention angesehen werden, da dies das zweistufige Prüfungssystem, wonach erst nach tatbestandlichem Vorliegen eines staatlichen Transfers dessen Preiseffekt untersucht wird, konterkarieren würde.

Anknüpfend an diese systematischen Überlegungen kam Dr. *Pitschas* auf das problematische Verhältnis von Art. 1 und 6 SCM zu sprechen. Im Rahmen des Art. 6 SCM sei im Gegensatz zu Art. 1 SCM zu prüfen, ob das unterstützte Produkt negative Preisauswirkungen auf die Güter des betroffenen Drittstaates bzw. den Weltmarkt habe. In einer an Preisbildungseffekten orientierten weiten Auslegung sei hier im Vergleich zu der Argumentation bei Art. 1 SCM in jedem Fall keine Systemwidrigkeit erkennbar. Herr Dr. *Lukas* erinnerte in diesem Zusammenhang daran, dass auch bei Art. 6 SCM die Kausalität einer staatlichen Maßnahme zu berücksichtigen sei. Im Übrigen sei auch der heimische Markt ein Teil des Weltmarktes. Eine Aufspaltung der Art. 1 und 6 SCM sei praktisch nicht machbar. Vielmehr sei eine einheitliche, zurückhaltende Interpretation angezeigt.

Von Art. 6 SCM führte der abschließende Diskussionsbeitrag von Herrn Prof. Dr. *Herrmann* zu Art. 6 EGV, der das Problem der Förderung erneuerbarer Energien am Beispiel der Antidumpingdebatte im Zusammenhang mit Energiesparlampen eher im fundamentalen Kontext des Gemeinschaftsrechts verortete: Trotz der Tatsache, dass bei allen Politiken gem. Art. 6 EGV der Umweltschutz zu beachten sei, sei bisher kein „soft law" ersichtlich, das der Kommission als Administrativbehörde zumindest Leitlinien zur Auslegung des Gemeinschaftsinteresses vorgebe. Die Kommission treffe in diesem Rahmen Grundsatzentscheidungen, die dem Gemeinschaftsgesetzgeber vorbehalten seien.

Dr. *Lukas* schloss die Diskussion mit dem Hinweis, dass eine dahingehende Änderung der Verantwortungsstruktur von den Mitgliedstaaten abgelehnt wurde. Unter Beibehaltung des bisherigen Systems entscheide die Kommission über Art und Weise der Nutzung ihrer Handelsinstrumente stets unter breiter Berücksichtigung fallspezifischer Fakten.

Die Rechtsfragen der Ostseepipeline

RA Barbara Kaech,
M.B.L., Nord Stream AG, Zug

A. Einleitung

Der vorliegende Vortrag soll einen Überblick über die rechtlichen Fragen im Zusammenhang mit der Ostseepipeline oder dem sog. „Nord Stream Projekt" geben. Die Rechtsfragen sind sehr vielfältig und umfassen Bestimmungen aus verschiedenen nationalen Rechten, aber auch europäischen und internationalen Regelwerken. Der Vortrag beschränkt sich auf öffentlich-rechtliche Fragestellungen.

Die nachfolgenden Erläuterungen umfassen Ausführungen zum Nord Stream Projekt im Allgemeinen, einschließlich eines Überblicks über den Stand des Projekts. Der Kern des Vortrages widmet sich, wie oben erwähnt, den rechtlichen Fragen im Zusammenhang des Projektes und schlussendlich wird der Vortrag mit einer kurzen Zusammenfassung geschlossen.

B. Das Nord Stream Projekt

I. Neue Versorgungsroute nach Westeuropa

Die Nord Stream-Pipeline, zwei parallel verlaufende Offshore-Erdgas Pipelines mit einer Länge von jeweils 1.220 km, wird Russland und die Europäische Union durch die Ostsee direkt verbinden und Erdgas zur Energieversorgung von Unternehmen und Privathaushalten transportieren. Das Trassee der Pipeline wird die kürzeste Verbindung zwischen den riesigen Gasfeldern im Norden (insb. der Barentsee) und den Märkten in Europa sein.

Durch die Nord Stream-Pipeline können jährlich bis zu 55 Milliarden Kubikmeter Gas transportiert und damit rechnerisch mehr als 26 Millionen Haushalte mit Energie versorgt werden. Durch die Pipeline kann somit 25% des zusätzlichen Importbedarfs geliefert und dementsprechend ein substantieller Beitrag zur zukünftigen Energieversorgungssicherheit in Europa geleistet werden.

Das Europa-Parlament und der Europäische Rat betrachten die Nord Stream-Pipeline als Projekt von Interesse mit hoher Priorität für die Energieversorgung der EU. Die Pipeline erfüllt die drei Hauptziele der EU-Energiepolitik, nämlich Nachhaltigkeit, Wettbewerbsfähigkeit und Versorgungssicherheit. Die Nord Stream-Pipeline wurde dementsprechend zu einem vorrangigen Projekt im Rahmen der Richtlinien für Trans-Europäische Netze („TEN-E Guidelines")[1] erklärt.

Nord Stream ist weit mehr als nur eine Pipeline. Das große, länderübergreifende Infrastrukturprojekt setzt neue Maßstäbe in der Zusammenarbeit zwischen der Europäischen Union und Russland.

II. Wer steht hinter dem Projekt

Die Nord Stream AG[2] wurde am 2. Dezember 2005 mit dem Zweck der Planung, dem Bau und Betrieb einer neuen Pipeline durch die Ostsee in Form einer schweizerischen Aktiengesellschaft gegründet[3]. Gazprom ist mit 51%, BASF/Wintershall und E.ON Ruhrgas mit jeweils 20% und Gasunie mit 9%[4] an der Nord Stream AG beteiligt.

Die Hauptniederlassung hat die Nord Stream AG in Zug, Schweiz.

Rund 150 Mitarbeitende, darunter zahlreiche internationale und erfahrene Experten aus 19 Ländern, sind bei der Nord Stream AG beschäftigt.

III. Stand des Projektes

Nach erfolgreichen Machbarkeitsstudien wurde, wie in vorstehender Ziffer erwähnt, Ende 2005 die Nord Stream AG gegründet. In der Zwischenzeit sind die notwendigen Umweltverträglichkeitsprüfungen durchgeführt und die Ostseeanrainerstaaten informiert worden.[5] Die Auftragserteilung für die Rohrproduktion, Pipelineverlegung und Logistik ist erfolgt. Die Röhren für die Pipeline sind bereits erstellt worden und werden nun in Richtung Ostsee an fünf verschiedene Plätze[6] transportiert.

Laufend beschäftigt sich Nord Stream mit zusätzlichen Routenoptimierungen. Zudem werden auch noch weitere Studien benötigt. Beschäftigt ist die

1 Entscheidung Nr. 1364/2006/EC.

2 Ursprünglicher Gründungsname „Nord European Gas Pipeline Company". Der Firmenname wurde im Oktober 2006 geändert in Nord Stream AG.

3 Das Aktienkapital beträgt zurzeit CHF 1.255.000.000.

4 In 2008 hat Gasunie eine Beteiligung von je 4,5% von Wintershall und E.ON Ruhrgas übernommen.

5 Im nachfolgenden Abschnitt (Buchst. C) wird ausführlich auf die verschiedenen Verfahren eingegangen.

6 Damit der Transport zu den Verlegeschiffen möglichst kurz sein wird.

Nord Stream weiter mit der detaillierten technischen Planung. Das Finanzierungskonzept[7] sollte in den nächsten Wochen finalisiert werden. Die nationalen Genehmigungsverfahren sollten in Kürze abgeschlossen sein[8]. Der Dialog mit Behörden und Öffentlichkeit in der Ostseeregion wird konstant weitergeführt.

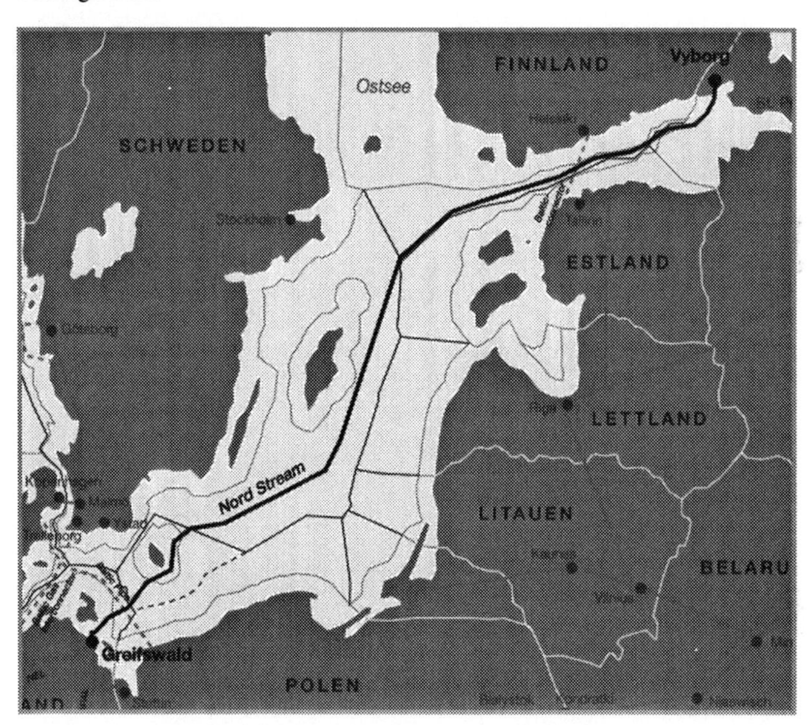

C. Die rechtlichen Rahmenbedingungen

I. Die anwendbaren Rechte

Große Infrastrukturprojekte über Ländergrenzen hinweg erfordern, nicht nur nationale Genehmigungen, sondern auch internationale Kooperation, um insbesondere den Schutz der Umwelt zu gewährleisten. Dies wird durch eine Reihe von Gesetzen und Abkommen sichergestellt, die eine entsprechende internationale Zusammenarbeit regeln.

7 Rund 3,1 Milliarden CHF Fremdfinanzierung wird für den Bau der 1. Röhre benötigt.

8 In Abschnitt Buchst. C) Ziff. IV. ist der Stand im Detail aufgeführt.

Der Verlauf der Pipeline definiert die anwendbaren Rechte:

	Küstenmeer [km]	AWZ [km]	Total [km]
Russland	121	2	123
Finnland	0	370	370
Schweden	0	506	506
Dänemark	90	46	136
Deutschland	50	31	81
Total			1216

Die Nord Stream-Pipeline wird durch die Hoheitsgewässer und/oder die AWZs von fünf Ländern verlaufen: Russland, Finnland, Schweden, Dänemark und Deutschland. Von jedem dieser fünf Länder werden Genehmigungen für den Bau und Betrieb der Pipeline benötigt. Da das Projekt zudem Auswirkungen auf die übrigen Anrainer der Ostsee haben könnte, werden auch Polen, Litauen, Lettland und Estland in die internationalen Konsultationsgespräche einbezogen.

Diese neun Staaten umgeben die Ostsee. Die Ostsee ist ein besonderes Ökosystem. Das Meer wird von allen Anrainerstaaten wirtschaftlich genutzt. Beispiele hierfür sind der Schiffsverkehr, die Fischerei und die Nutzung von Rohstoffen. Die Zusammenarbeit aller neun Ostseestaaten mit Blick auf die Umsetzung grenzüberschreitender Projekte ist von großer Bedeutung, um sowohl ein Gleichgewicht zwischen nachhaltiger und wirtschaftlicher Nutzung der Ostsee als auch den Schutz des einzigartigen Ökosystems zu gewährleisten.

Die nationalen Gesetzgebungen setzen im Allgemeinen[9] eine Umweltverträglichkeitsprüfung (UVP) für die Erteilung einer Genehmigung voraus[10]. Zusätzlich zu den nationalen UVP hat Nord Stream, wie von der Espoo-Konvention verlangt, im Zusammenhang mit den internationalen Konsultationsverfahren, den sog. „Espoo-Bericht" erstellen lassen.

Auf das Abschließen eines Staatsvertrages, welcher manchmal bei transnationalen Pipeline-Projekten geschlossen wird, wurde beim Nord Stream-Projekt verzichtet.

9 Ausnahme ist Schweden: gemäß Festlandsockelgesetz wird keine UVP verlangt. S. weitere Details in Ziff. III. in diesem Kapitel.

10 Grundlage für die EU Staaten bildet die Richtlinie des Rates 85/337/EWG vom 27. Juni 1985 über die Umweltverträglichkeitsprüfung bei bestimmten öffentlichen und privaten Projekten.

II. Nationales Recht

Das Nord Stream-Projekt unterliegt der jeweiligen nationalen Gesetzgebung der Länder, durch deren Hoheitsgewässer und/oder AWZ die Pipeline verlaufen soll: Russland, Finnland, Schweden, Dänemark und Deutschland. Somit müssen Bewilligungen gemäß den Bestimmungen von diesen fünf nationalen Gesetzgebungen eingeholt werden.[11]

Grundsätzlich dürfen die betroffenen Staaten den Bau der Pipeline nicht verhindern, denn in Art. 79 der UNCLOS[12] ist festgehalten, dass den Staaten das Recht zustehen soll, Pipelines zu verlegen, sofern dies mit umweltspezifischen Bestimmungen vereinbar ist. Somit darf der Bau von Pipelines nicht verboten, jedoch von bestimmten Voraussetzungen abhängig gemacht werden, welche in den nationalen Bewilligungsverfahren geprüft werden. Für den Bau der Nord Stream Pipelines sind dementsprechend die folgenden nationalen Bewilligungen notwendig.[13]

Staat	Gesetzgebung in der AWZ und in den Territorialgewässern	Behörden
Russland	*Bundesgesetze* über • Inländische Meeresgewässer, Territorialgewässer und die nächste Zone der Russischen Förderation, Festlandsockel der Russischen Föderation • Ausschließliche Wirtschaftszone der Russischen Föderation • Umweltgutachten *Verordnung der russischen Regierung* über: • Die Genehmigung des Beschlusses zur Verlegung von Unterwasserkabeln und Pipelines in inländischen Meeresgewässern und Territorialgewässern der Russischen Föderation	Behörden der Region Leningrad Verschiedene russische Bundesbehörden Ministerium für natürliche Ressourcen (Rosprirodnadzor)

11 Der Sitz der Nord Stream AG in der Schweiz begründet keine Bewilligungspflicht nach Schweizerischem Recht.

12 Seerechtsübereinkommen der Vereinigten Nationen, welches am 16. November 1994 in Kraft getreten ist.

13 Detaillierte Informationen zu den nationalen Genehmigungsverfahren und den hierfür relevanten Antragsdokumenten finden sich auf den landesspezifischen Seiten (deutsch, dänisch, schwedisch, finnisch, russisch) von www.nord-stream.com. Bitte beachten Sie, dass diese Informationen in der Regel nur in der jeweiligen Landessprache vorliegen.

Staat	Gesetzgebung in der AWZ und in den Territorialgewässern	Behörden
Finnland	*UVP* gemäß: • dem finnischen UVP-Gesetz (468/1994) *Die Genehmigung der Regierung über Aktivität und Verlaufsdarstellung der Pipelineverlegung (das Ausbeutungsrecht)* erfolgt gemäß dem: • finnischen Gesetz über die AWZ (Gesetz 1058/2004) *Genehmigung* für den Bau gemäß: • dem Wassergesetz (Gesetz 264/1961) *Genehmigung* für die Munititonsräumungsarbeiten gemäß: • dem Wassergesetz (Gesetz 264/1961)	Ministerium für Arbeit und Wirtschaft (AWZ) Westfinnische Umwelt-Genehmigungsbehörde
Schweden	*Genehmigung* für den Bau der Pipelines: • Gesetz über den Festlandsockel (Gesetz 1966:314) Für den Bau der Pipelines ist gemäß dem Gesetz über den Kontinentalschelf ausdrücklich keine UVP erforderlich. Nord Stream hat dennoch eine Umweltstudie eingereicht.	Ministerium für Unternehmen
Dänemark	*Genehmigung* für Bau und Betrieb der Pipelines gemäß: • Gesetz über den Festlandsockel (1101:2005, 548:2007, 1400:2008) gemäß den Festlegungen im Verwaltungserlass (361:2006) über die Installation von Pipelines auf dem dänischen Festlandsockel für den Transport von Kohlenwasserstoffen und im Verwaltungserlass (2000:884) über die UVP für Projekte zur Kohlenwasserstoffgewinnung und zur Installation von Transitpipelines in dänischen Gewässern und auf dem Festlandsockel. *Die UVP* ist ein integrierter Bestandteil der Genehmigungsverfahren.	Dänische Energiebehörde

Staat	Gesetzgebung in der AWZ und in den Territorialgewässern	Behörden
Deutschland	*Planfeststellungsverfahren* für den Bau in Territorialgewässern und dem Landungspunkt: • Energiewirtschaftsgesetz (EnWG) *Zwei Genehmigungen* für den Bau in der AWZ gemäß: • Bundesberggesetz (BBergG) *Die UVP* ist ein integrierter Bestandteil des Genehmigungsverfahrens.	Bergamt Stralsund Bundesamt für Seeschifffahrt und Hydrographie

Wie aus oben stehender Tabelle ersichtlich ist, sind die Bewilligungen, welche eingeholt werden müssen, von Land zu Land sehr unterschiedlich. Gemeinsam ist jedoch, dass im Allgemeinen erst eine UVP durchgeführt werden muss, bevor in einem Land eine Bau- bzw. Betriebsgenehmigung erteilt wird.

Eine UVP ist ein nationales Verfahren, bei welchem eventuelle Auswirkungen eines Projektes auf die Umwelt bewertet werden. Grundsätzliches Ziel der UVP ist es, den Anforderungen der einschlägigen Gesetzgebung sowie allen Umweltstandards gerecht zu werden. Zudem sollen mögliche negative Auswirkungen auf die Umwelt, die menschliche Gesundheit und das Gemeinwohl vermieden bzw. reduziert werden. Die UVP soll auch die Berücksichtigung von Umweltaspekten im Entscheidungsprozess gewährleisten und optimale Konzepte für Umweltmanagement und -monitoring entwickeln. Schlussendlich bezweckt die UVP die Information der zuständigen Behörden und der Öffentlichkeit.

Die von Nord Stream erstellten UVP basieren auf umfassenden Untersuchungen sowie Daten und Erkenntnissen von unabhängigen Experten und Forschungsinstitutionen. Nord Stream hat in Zusammenarbeit mit allen betroffenen Ländern und im Einklang mit der anzuwendenden nationalen Gesetzgebung entsprechende Berichte erstellt und bei den zuständigen Behörden eingereicht. Die Berichte zu den Prüfungen beschreiben mögliche Umweltauswirkungen entlang der gesamten Pipelineroute und beinhalten insbesondere, nebst der Beschreibung von Projekt und Streckenverlauf, die physische Umwelt (physische Prozesse, Wassersäule, Meeresboden, Atmosphäre), die biologische Umwelt (Plankton, Meeresorganismen (Benthos), Fische, Seevögel, Meeressäuger, Naturschutzgebiete) und die soziale und sozioökonomische Umwelt (Fischerei, Schiffsverkehr und Navigation, Tourismus- und Erholungsgebiete, Kulturelles Erbe, Offshore-Industrie, Militärübungsgebiete).

Nachdem die Öffentlichkeit zu den eingereichten Dokumenten Stellung genommen hat, werden die zuständigen Behörden alle eingereichten Materialien prüfen und eine Entscheidung im Einklang mit den nationalen Gesetzesbestimmungen fällen.

III. Espoo-Prozess

Wie erwähnt, unterliegt der Bau und Betrieb der Nord Stream-Pipeline als Projekt von grenzüberschreitendem Ausmaß neben den nationalen Gesetzgebungen der Länder durch die sie verläuft, auch den Bestimmungen internationaler Abkommen, insbesondere der Espoo-Konvention über die Umweltverträglichkeitsprüfung im grenzüberschreitenden Rahmen (Espoo-Konvention).

Die Espoo-Konvention wurde 1991 in der finnischen Stadt Espoo unterzeichnet und trat 1997 in Kraft. Sie sieht vor, dass alle Unterzeichner der Konvention sich gegenseitig informieren müssen, sobald ein Vorhaben innerhalb eines Landes Auswirkungen über nationale Grenzen hinweg haben könnte. Festzuhalten ist in diesem Zusammenhang jedoch, dass die in der Espoo-Konvention vorgegebenen Prozesse nicht in ein Bewilligungsverfahren gemäß Espoo-Konvention hinaus laufen. Es handelt sich jedoch um ein Konsultationsverfahren, welches die Voraussetzung für die nationalen Genehmigungen bildet.

Die Nord Stream-Pipeline wird, wie erwähnt, durch die Hoheitsgewässer und/oder die AWZ von Russland[14], Finnland, Schweden, Dänemark und Deutschland verlaufen. Gemäß der Espoo-Konvention sind diese Länder beim Nord Stream-Projekt Ursprungsparteien,[15] da das Projekt in ihrem Zuständigkeitsbereich realisiert wird. Weitere Länder, die durch mögliche Umwelteinwirkungen betroffen sein könnten, werden laut Konvention als betroffene Vertragspartei bezeichnet. Da alle neun an die Ostsee angrenzenden Staaten durch die Auswirkungen des Projekts betroffen sein könnten, fungieren sie im Falle Nord Streams alle als betroffene Vertragsparteien.

14 Russland hat die Espoo-Konvention nicht unterzeichnet, sich aber vertraglich bereit erklärt, im Rahmen des Nord Stream Projektes die Bestimmungen der Konvention einzuhalten.

15 Deutschland und Russland haben die Führungsfunktion im Zusammenhang mit dem Espoo-Prozess übernommen.

1. Internationale Konsultationen

Die Espoo-Konvention sieht nun vor, dass sämtliche betroffenen Vertragsparteien im Rahmen eines solchen grenzüberschreitenden Projektes konsultiert werden.

Dieser internationale Konsultationsprozess im Rahmen der Espoo-Konvention soll demnach allen von der Nord Stream-Pipeline betroffenen Ländern die Möglichkeit geben, Umweltauswirkungen des Projekts zu prüfen. Seit April 2006 fanden somit 16 Espoo-Treffen mit den Ursprungsparteien sowie allen weiteren betroffenen Vertragsparteien statt. Die Vertreter der Länder haben sich regelmäßig miteinander und mit Nord Stream getroffen, um die Fortschritte der „Dokumentation zur Nord Stream UVP zur Konsultation gemäß dem Espoo-Übereinkommen“, auch „Nord Stream Espoo-Bericht“[16] genannt, zu besprechen. Die Treffen dienten außerdem dazu, weitere gemeinsame Schritte in den Planungs- und Genehmigungsverfahren aufeinander abzustimmen. Die Ergebnisse des internationalen Konsultationsprozesses werden in den nationalen Genehmigungsverfahren berücksichtigt werden.

2. Benachrichtigung

Formell eingeleitet wurde der Espoo-Prozess für das Nord Stream-Projekt mit der Benachrichtigung über das geplante Vorhaben[17] im November 2006. Die Benachrichtigungsphase dauerte von November 2006 bis Februar 2007. Dabei haben die Ursprungsparteien alle möglicherweise betroffenen Vertragsparteien parallel über das geplante Vorhaben schriftlich benachrichtigt. Die betroffenen Vertragsparteien haben die relevanten Behörden von dieser Benachrichtigung in Kenntnis gesetzt und gemäß den jeweiligen nationalen Bestimmungen die Öffentlichkeit hierzu angehört.

3. Öffentliche Beteiligung

Die Nord Stream AG nahm an mehr als 20 öffentlichen Anhörungen und zahlreichen Treffen mit den zuständigen Behörden und Anspruchsgruppen der verschiedenen Länder teil. Insgesamt wurden in dieser ersten Konsultationsrunde über 300 Stellungnahmen von Privatpersonen und öffentlichen Körperschaften der Ostseeanrainerstaaten abgegeben.

Diese Stellungnahmen wurden bei der weiteren Projektplanung berücksichtigt. Mehrere alternative Streckenverläufe der Pipeline wurden im Anschluss an die Benachrichtigungsphase von Nord Stream geprüft. Die ursprünglich geplante Route wurde daraufhin an mehreren Stellen verändert. Hier-

16 Siehe weitere Ausführungen zum Bericht in lit. d.

17 http://www.nord-stream.com/de/uvp-genehmigungsverfahren/internationales-konsultationsverfahren/benachrichtigung.html (zuletzt besucht am 17. November 2009).

für wurde im Oktober 2007 ein Dokument mit dem Titel „Status der Nord Stream-Pipeline-Route in der Ostsee“[18] erstellt, zu welchem die nationalen Anspruchsgruppen erneut Stellungnahmen abgeben konnten. Nord Stream hat auch diese Eingaben berücksichtigt, den bestmöglichen Streckenverlauf entwickelt und diesen gemeinsam mit nicht gewählten Alternativen im Nord Stream Espoo-Bericht beschrieben. Die letzte Optimierung des Streckenverlaufs war die Entscheidung für die sog. S-Route, die südlich um die dänische Insel Bornholm verläuft. Dazu wurde den Behörden im November 2008 das Dokument „Status der Nord-Stream-Pipeline-Route in Dänemark und Deutschland“[19] übergeben.

Zahlreiche Kommentare konzentrieren sich auf die Auswirkungen auf den Meeresboden, und die gewerbliche Fischerei sowie auf Munitionsaltlasten – Themen, die Nord Stream und seine Anteilseigner zum Gegenstand umfangreicher Untersuchungen gemacht haben. Die eingegangenen Stellungnahmen wurden im Nord Stream Espoo-Bericht berücksichtigt.

4. Nord Stream Espoo-Bericht

Wie erwähnt, trägt der Espoo-Bericht einer Vielzahl von Stellungnahmen Rechnung, die während mehrerer Konsultationsrunden in den Ostseeanrainerstaaten eingereicht wurden. Er fasst die Ergebnisse umfassender Umweltstudien und -untersuchungen der Ostsee zusammen. Diese Untersuchungen wurden über Jahre hinweg als Vorbereitung des Nord Stream-Projektes durchgeführt. Ergänzend zu Nord Streams eigenen Untersuchungsergebnissen wurden Studien und wissenschaftliche Daten anderer Organisationen, wie beispielsweise der HELCOM[20], im Nord Stream Espoo-Bericht verwendet.

Der Bericht ist eigentlich eine Umweltverträglichkeitsprüfung. Jedoch im Unterschied zu den nationalen Berichten zur Umweltverträglichkeitsprüfung prüft dieser Bericht nur die grenzüberschreitenden Auswirkungen. Der Bericht prüft nämlich alle Auswirkungen, die in Kapitel 9 des Berichtes als signifikante Auswirkungen wegen ihres Potenzials, sich über eine bestimmte AWZ-Grenze hinaus auszubreiten, identifiziert werden und folglich als grenzüberschreitende Auswirkung einzustufen sind. Jede grenzüberschreitende Auswirkung wird im Zusammenhang mit der Ursprungspartei, in dem sie verursacht wird und dem davon betroffenen Land (bzw. Ländern) beschrieben, wodurch die entsprechenden Bestimmungen der Espoo-Konvention

18 http://www.nord-stream.com/de/uvp-genehmigungsverfahren/internationales-konsultationsverfahren/benachrichtigung.html (zuletzt besucht am 17. November 2009).

19 http://www.nord-stream.com/de/uvp-genehmigungsverfahren/internationales-konsultationsverfahren/benachrichtigung.html (zuletzt besucht am 17. November 2009).

20 Ausführendes Organ der Helsinki Konvention (die Konvention definiert Kriterien für die Immissionskontrolle und Ziele für die Immissionsreduzierung).

sowie die Vorgaben der UNECE-Richtlinie zur Umsetzung der Konvention erfüllt werden.

Der Espoo-Schlussbericht wurde in den neun Sprachen der beteiligten Länder verfasst und am 27. Februar 2009 bei den zuständigen Behörden eingereicht.[21]

5. Espoo-Konsultationsphase

Mit Einreichung des Espoo-Schlussberichtes und mit Absprache des Zeitpunktes mit den verschiedenen Ländern begann am 9. März 2009 die eigentliche öffentliche Konsultationsphase der Ursprungsparteien als auch der betroffenen Parteien, welche mit einem Meeting am 15. Juni 2009 in Stralsund abgeschlossen wurde.

IV. Stand der Bewilligungen

Die Antragsunterlagen wurden im Dezember 2007 in Schweden eingereicht und im Oktober 2008 vervollständigt. Die deutschen Behörden erhielten die Antragsunterlagen im Dezember 2008. UVP-Dokumentationen sowie nationale Antragsunterlagen in Russland, Finnland und Dänemark wurden Anfang 2009 den zuständigen Behörden übergeben.

In der Zwischenzeit hat Nord Stream die Bewilligungen für den Bau und Betrieb der Pipelines in Dänemark[22] und Schweden[23] erhalten. In Finnland ist die Bewilligung gemäß dem finnischen Gesetz über die AWZ[24] und eine Bewilligung für die Munitionsräumungsarbeiten[25] erteilt worden. Die Bewilligung gemäß dem finnischen Wassergesetz sollte Nord Stream in den nächsten Wochen erhalten. In Russland und Deutschland wird erwartet, dass die Bewilligungen bis Ende 2009 erteilt werden.

D. Schlussbemerkungen

Zusammenfassend ist festzuhalten, dass grundsätzlich ein Recht besteht die Pipeline zu bauen, sofern keine erheblichen Bedenken aus umweltrechtlicher Sicht bestehen. Für den Bau sind jedoch Bewilligungen von den Staaten notwendig durch deren AWZ und/oder Hoheitsgewässer die Pipeline verläuft. Bevor diese Staaten die Bewilligungen erteilen können, sind sie angehalten

21 Der Bericht kann auf www.nord-stream.com eingesehen werden.
22 20. Oktober 2009.
23 5. November 2009.
24 5. November 2009.
25 2. Oktober 2009.

einen Konsultationsprozess, welcher nicht auf eine Bewilligung hinausläuft, gemäss der Espoo-Konvention durchzuführen.

Im Rahmen des vorliegenden Nord Stream Projektes ist der größte Espoo-Prozess in der Geschichte durchgeführt worden. Viele Präzedenzfälle gab es im Zusammenhang mit den Abläufen des Espoo-Prozesses, insbesondere da das Verfahren gemäß Espoo-Konvention eigentlich auf bilaterale und nicht multilaterale Projekte ausgerichtet ist. Nichtsdestotrotz konnte der Prozess im Juni 2009 erfolgreich abgeschlossen werden und die Staaten sind nun daran die entsprechenden nationalen Bewilligungen zu erteilen. Die Mehrzahl der Bewilligungen hat die Nord Stream erhalten und die restlichen Bewilligungen werden bis Ende 2009 erwartet. Somit wird die Nord Stream AG voraussichtlich im Frühjahr 2010 mit dem Bau der Pipeline beginnen können.

Nachhaltigkeitsstandards und ihre Vereinbarkeit mit WTO-Recht

RegD Dr. Lorenz Franken,
Bundesministerium für Ernährung, Landwirtschaft und Verbraucherschutz, Berlin

A. Gegenstand der Untersuchung

„Eine in ökonomischer, ökologischer und sozialer Hinsicht nachhaltige Entwicklung unseres Landes und der Welt ist das Ziel der in globaler Perspektive langfristig und generationenübergreifend ausgerichteten Politik der Bundesregierung."

Diese Aussage aus der Einleitung zum *Fortschrittsbericht 2008 zur nationalen Nachhaltigkeitsstrategie der Bundesregierung*[1] beschreibt die atemberaubende Komplexität einer in sachlicher, geographischer und zeitlicher Dimension nahezu allumfassenden Zielsetzung. Sie ist in ähnlicher Form auch im EU-Rahmen anerkannt.[2] Auf internationaler Ebene gibt es ebenfalls eine Vielzahl von Referenzen: Neben den Arbeiten der UN-Kommission für Nachhaltige Entwicklung ist für diesen Beitrag der vielzitierte Passus aus der Präambel des WTO-Gründungsübereinkommens besonders erwähnenswert.[3]

Je mehr die allgemeinen Ziele der Nachhaltigkeit durch Rechtsnormen konkretisiert werden, desto schärfer wird jedoch die Debatte. In bestimmten Fällen wird, auch durch WTO-rechtliche Argumente untermauert, der Vorwurf erhoben, die betreffenden Maßnahmen verfolgten weniger umwelt- oder sozialpolitische als vielmehr protektionistische Motive. Ein Beispiel hierfür sind die kritischen Äußerungen von Handelspartnern der EU über die Nach-

1 BT-Drucks. 16/10700.

2 Vgl. etwa die Überprüfung der EU-Strategie für nachhaltige Entwicklung 2009, Pressemitteilung der Kommission IP/09/1188 vom 24.7.2009.

3 „[...] Recognizing that their relations in the field of trade and economic endeavour should be conducted with a view to raising standards of living, ensuring full employment and a large and steadily growing volume of real income and effective demand, and expanding the production of and trade in goods and services, while allowing for the optimal use of the world's resources in accordance with the objective of sustainable development, seeking both to protect and preserve the environment and to enhance the means for doing so in a manner consistent with their respective needs and concerns at different levels of economic development, [...]".

haltigkeitskriterien für Biokraftstoffe und flüssige Biobrennstoffe, die Ende 2008 im Rahmen der neuen Erneuerbare-Energien-Richtlinie[4] festgelegt wurden.

Nachhaltigkeit als protektionistisches Feigenblatt? Dieser Beitrag untersucht am Maßstab der Judikatur von Panels und Appellate Body, über welchen Handlungsspielraum die WTO-Mitglieder zur Festlegung von Nachhaltigkeitskriterien verfügen. Dabei wird ein allgemeiner Ansatz verfolgt: Da sich schon frühzeitig eine Diskussion darüber entwickelte, inwieweit Nachhaltigkeitskriterien auch für andere Erzeugnisse als Biokraftstoffe bzw. flüssige Biobrennstoffe sinnvoll seien, dienen die *Kernelemente* der Nachhaltigkeitskriterien der Erneuerbare-Energien-RL als Modell für die Analyse, ohne auf alle energiespezifischen Details einzugehen. Um das Verständnis dieser Kernelemente zu erleichtern, wird vor der WTO-rechtlichen Analyse zunächst ein Überblick über die Nachhaltigkeitskriterien der Erneuerbare-Energien-RL gegeben.

B. Die Nachhaltigkeitskriterien der Erneuerbare-Energien-Richtlinie

Nach einem u.a. durch Steuererleichterungen und Quoten zur verpflichtenden Beimischung von Biokraftstoffen in herkömmliche Kraftstoffe geförderten „Bioenergie-Boom“ nahmen in der EU in den letzten Jahren die Diskussionen zu, inwieweit die politischen Anreize zu Fehlentwicklungen insbesondere für die Umwelt beitragen. Diese Diskussionen mündeten in die Ende 2008 verabschiedete und im Frühjahr 2009 in Kraft getretene neue Erneuerbare-Energien-Richtlinie. Diese enthält Nachhaltigkeitskriterien für Biokraftstoffe und flüssige Brennstoffe, die in Deutschland durch zwei Rechtsverordnungen umgesetzt werden.[5] Die Kriterien gelten grundsätzlich sowohl für importierte als auch für heimische Erzeugnisse. Sie lassen sich nach ihrem Schutzzweck, vereinfachend dargestellt,[6] in folgende Kategorien untergliedern:

---

4 Richtlinie 2009/28/EG des Europäischen Parlaments und des Rates vom 23.4.2009 zur Förderung der Nutzung von Energie aus erneuerbaren Quellen und zur Änderung und anschließenden Aufhebung der Richtlinien 2001/77/EG und 2003/30/EG.

5 Verordnung über Anforderungen an eine nachhaltige Herstellung von flüssiger Biomasse zur Stromerzeugung (Biomassestrom-Nachhaltigkeitsverordnung – BioSt-NachV) und Verordnung über Anforderungen an eine nachhaltige Herstellung von Biokraftstoffen (Biokraftstoff-Nachhaltigkeitsverordnung – Biokraft-NachV).

6 Eine ausführlichere Darstellung findet sich bei *Ludwig*, Nachhaltigkeitsanforderungen beim Anbau nachwachsender Rohstoffe im europäischen Recht, ZUR 2009, 317.

I. Anforderungen zum Klimaschutz, Art. 17 Abs. 2 und 4

Die Richtlinie verlangt insbesondere, dass durch die Verwendung von Biokraftstoffen bzw. flüssigen Biobrennstoffen im Vergleich mit fossilen Brennstoffen die Emissionen von Treibhausgasen sukzessive gemindert werden. Zunächst muss die Reduzierung mindestens 35% betragen, später 50 bzw. 60%. Diese Verpflichtung ist die Konsequenz aus den Diskussionen über die Treibhausgasbilanz von Biokraftstoffen, die je nach Rohstoff, Herstellung, Transport usw. nicht so positiv wie erwünscht oder gar negativ sein kann. Auch dem Klimaschutz dient die Verpflichtung, wonach die Rohstoffe nicht auf bestimmten Flächen angebaut werden, die einen hohen Kohlenstoffbestand haben.[7]

Wenn diese Vorgaben nicht erfüllt sind, verlieren die betreffenden Produkte nicht ihre Verkehrsfähigkeit. Vielmehr werden sie dann nicht auf die für den jeweiligen Mitgliedstaat bestehenden Ziele zur Verwendung erneuerbarer Energien angerechnet, ebenso wenig auf Verpflichtungen zur Nutzung erneuerbarer Energien (etwa im Rahmen von Beimischungsquoten). Sie kommen auch nicht in den Genuss finanzieller Förderung.

II. Anforderungen zum Schutz der biologischen Vielfalt, Art. 17 Abs. 3

Dieses Kriterium besteht im Wesentlichen darin, dass die Rohstoffe nicht auf Flächen von besonderem Wert für die biologische Vielfalt (z. B. Primärwald) angebaut werden dürfen. Auch hier ist die Rechtsfolge, dass die Produkte andernfalls nicht von den Fördermaßnahmen für Bioenergie profitieren dürfen.

III. Zusätzliche Anforderungen für in der EU angebaute Rohstoffe, Art. 17 Abs. 6

Nur für Rohstoffe, die in der EU angebaut werden, bestehen zusätzliche Anforderungen, die sich an bestimmten Vorgaben des EU-Agrarrechts orientieren und v.a. umweltpolitische Ziele verfolgen (*Cross Compliance*). Die Rechtsfolge bei Nichteinhaltung ist die Gleiche wie bei den o.a. Kriterien zum Klimaschutz und zum Schutze der biologischen Vielfalt.

IV. Sozioökonomische Anforderungen, Art. 17 Abs. 7

Besonders umstritten war, inwieweit die Richtlinie auch andere als umweltpolitische Vorgaben enthalten soll. Hierbei geht es v.a. um die „Tank oder

7 Der besondere Schutz von Torfmooren nach Art. 17 Abs. 5 der RL hängt sowohl mit dem besonderen Wert der Torfmoore für die biologische Vielfalt als auch ihrer Funktion als Kohlenstoffspeicher zusammen.

Teller"-Debatte, d. h. die Auswirkungen des Anbaus nachwachsender Rohstoffe für die energetische Nutzung auf die Verfügbarkeit von Nahrungsmitteln. Im Gespräch war bei der Aushandlung der Erneuerbare-Energien-RL, die Förderung von Biokraftstoffen auch an die Einhaltung bestimmter Arbeitsbedingungen zu koppeln. Der schließlich gefundene Kompromiss sieht vor, dass es zwar sozioökonomische Anforderungen gibt, diese aber im Hinblick auf die Rechtsfolge nicht auf einer Stufe mit den o.a. umweltpolitischen Nachhaltigkeitskriterien stehen. Stattdessen hat die Kommission einen Bericht über die Auswirkungen der Nachfrage nach Biokraftstoff auch auf sozioökonomische Parameter zu erstellen, z.B. die Verfügbarkeit von Nahrungsmitteln, die Wahrung von Landnutzungsrechten oder die Ratifizierung und Umsetzung von Übereinkommen der Internationalen Arbeitsorganisation (ILO) durch den Produktionsstaat. Grundlage für diesen Bericht sind nach Art. 18 Abs. 3 UAbs. 2 der Richtlinie u.a. von den Wirtschaftsteilnehmern zur Verfügung gestellte Informationen. Die genauen Modalitäten für diese Informationspflicht sind von der Kommission im Komitologieverfahren festzulegen.

C. WTO-rechtliche Handlungsspielräume für Nachhaltigkeitskriterien

I. Kritik an der Erneuerbare-Energien-Richtlinie

Die Verknüpfung von handelspolitisch relevanten Maßnahmen mit Zielen aus anderen Politikbereichen, wie mit den Nachhaltigkeitskriterien der Erneuerbare-Energien-RL geschehen, ist keinesfalls unumstritten. Manche Autoren äußern Zweifel, inwieweit es so gelingt, die Ziele etwa aus der Umweltpolitik zu verwirklichen. Sie befürchten u.a., Importbeschränkungen einzelner Länder hätten lediglich eine Umlenkung der Handelsströme dergestalt zur Folge, dass die „nicht nachhaltig" erzeugten Produkte in Länder mit geringeren Anforderungen exportiert würden.[8]

Abgesehen von derartigen Zweifeln an der praktischen Effizienz wurde gerade im Zusammenhang mit der Erneuerbare-Energien-RL auch WTO-rechtliche Kritik laut. Kurz vor Verabschiedung der Richtlinie rügten mehrere Exportstaaten die damals diskutierten Vorgaben. Als *ultima ratio* sei ein WTO-Streitbeilegungsverfahren möglich.[9] Ein Großteil der Detailkritik ist

8 Vgl. etwa *Van den Bossche/Schrijver/Faber,* Unilateral Measures Addressing Non-Trade Concerns (im Internet verfügbar unter http://ssrn.com/abstract=1021946), 222. Im Hinblick auf Sozialstandards ähnlich *Brown/Stern*, What are the issues in using trade agreements to improve international labor standards? WTR 2008, 331.

9 Vgl. die Zusammenfassung des offenen Briefes von Argentinien, Brasilien, Kolumbien, Malawi, Mosambik, Sierra Leone, Indonesien und Malaysia an die EU, im Internet unter http://worldtradelaw.typepad.com/ielpblog/2008/11/trade-versus-the-environment-more-on-biofuels-ppms.html.

angesichts der verabschiedeten Fassung der Richtlinie obsolet. Die wesentlichen Vorwürfe sind wie folgt zu resümieren:

- Einige Anforderungen seien *naturwissenschaftlich ungerechtfertigt*.
- Insbesondere die Vorgaben zu Schutzgebieten benachteiligten Entwicklungsländer überproportional, weil es anders als in entwickelten Ländern dort noch viele nicht landwirtschaftlich genutzte, aber nutzbare Flächen gebe. Sie seien daher *diskriminierend*.
- Insbesondere die sozioökonomischen Vorgaben wirkten *extraterritorial* und seien damit WTO-widrig.

Im Folgenden wird untersucht, inwieweit sich die Kernelemente der Nachhaltigkeitskriterien der Erneuerbare-Energien-RL mit dem WTO-Recht, so wie es von Panels und Appellate Body ausgelegt wird, vereinbaren lassen. Im Mittelpunkt stehen dabei die allgemeinen Anforderungen des GATT, daneben das Übereinkommen über technische Handelshemmnisse, das Übereinkommen über Subventionen und Ausgleichsmaßnahmen und das Landwirtschaftsübereinkommen.

II. Handlungsspielräume nach dem GATT

1. *Verbot mengenmäßiger Beschränkungen, Art. XI GATT*

Art. XI GATT erfasst u.a. Importverbote. Darunter sind auch solche Maßnahmen zu verstehen, die zwar nicht *expressis verbis* als Importverbot formuliert sind, aber faktisch wie ein solches wirken.[10] Es ist theoretisch vorstellbar, Nachhaltigkeitskriterien so zu formulieren, dass sie wie ein Einfuhrverbot wirken. Was die Erneuerbare-Energien-RL betrifft, gibt es bislang auch wegen ihrer Übergangsvorschriften keine Anzeichen dafür, dass ein solcher Extremfall vorliegt. Eine Schlechterbehandlung importierter Erzeugnisse, die dazu führt, dass in der EU tendenziell eher heimische Erzeugnisse abgesetzt werden, fiele in den Anwendungsbereich von Art. III GATT.

2. *Gebot der Inländerbehandlung und fiskalische Maßnahmen, Art. III:2 GATT*

In Deutschland sind bestimmte Biokraftstoffe steuerbegünstigt, wobei die Steuervorteile durch Quoten zur Beimischung in konventionelle Kraftstoffe abgelöst werden.[11] Nach der Erneuerbare-Energien-RL dürfen derartige Vergünstigungen nur gewährt werden, wenn die Nachhaltigkeitskriterien eingehalten sind. Art. III:2 GATT verbietet fiskalische Diskriminierungen durch

10 Bericht des Panels in *Argentina – Measures Affecting the Export of Bovine Hides and the Import of Finished Leather*, WT/DS155/R, para 11.17.

11 Vgl. § 50 des Energiesteuergesetzes zum gestaffelten Abbau.

zwei ähnliche Vorschriften in Satz 1 und 2, die im Folgenden näher beleuchtet werden.

a) Unterschiedliche Belastung gleichartiger Produkte, Art. III:2 Satz 1 GATT

Die Steuervorteile für nachhaltig hergestellte Biokraftstoffe wären ein Verstoß gegen Art. III:2 Satz 1 GATT, wenn sie heimische Erzeugnisse gegenüber gleichartigen Importprodukten bevorzugten. Erste Kernfrage ist also die der *like products*, d. h. ob es gleichartige Produkte gibt, die nicht steuerbegünstigt sind. Für einen Vergleich kommen zumindest zwei Kategorien infrage, die im Folgenden zu untersuchen sind:

- Nachhaltig und nicht nachhaltig erzeugte Biokraftstoffe,
- Biokraftstoffe und bestimmte Lebensmittel, etwa Pflanzenöle, bei denen die Nutzung als Lebensmittel oder als Biokraftstoff von, wenn überhaupt, minimalen technischen Unterschieden abhängen kann.[12]

Für die Gleichartigkeit sind zumindest die vier in der Spruchpraxis etablierten, im Einzelfall zu gewichtenden Abgrenzungskriterien zu berücksichtigen, nämlich Produkteigenschaften, Nutzungsmöglichkeiten, Verbraucheransichten und die Zollklassifizierung.[13]

Was den Vergleich zwischen nachhaltig und nicht nachhaltig erzeugten Biokraftstoffen betrifft, ist zunächst festzustellen, dass sich die Nachhaltigkeitskriterien der Erneuerbare-Energien-RL auf Herstellung, Transport etc. beziehen. Maßgeblicher Bezugspunkt sind also nicht-produktbezogene Verarbeitungs- bzw. Produktionsmethoden.[14] Ein Vergleich der Eigenschaften des Endproduktes spricht folglich dafür, dass nachhaltig und nicht nachhaltig erzeugte Biokraftstoffe *like products* sind. Gleiches gilt für das zweite Kriterium, die Verwendungsmöglichkeiten, da angesichts der Identität der Endprodukte auch die Verwendungsmöglichkeiten prinzipiell dieselben sind. Es wäre zirkulös, würde man die Annahme von Nichtgleichartigkeit damit begründen, dass nicht nachhaltig erzeugte Biokraftstoffe wegen der Rechtswirkungen der Erneuerbare-Energien-RL nicht mehr für dieselben Zwecke eingesetzt werden dürfen, weil die Legalität dieser Rechtswirkungen ja gerade in Frage steht. Da die EU und, soweit bekannt, die anderen WTO-Mitglieder bei der zollrechtlichen Einordnung von Biokraftstoffen auch nicht nach

12 Vgl. zu den technischen Anforderungen die Zehnte Verordnung zur Durchführung des Bundes-Immissionsschutzgesetzes (Verordnung über die Beschaffenheit und die Auszeichnung der Qualitäten von Kraftstoffen – 10. BImSchV).

13 Bericht des Appellate Body in *European Communities – Measures Affecting Asbestos and Asbestos-Containing Products*, WT/DS135/AB/R, para. 101-103.

14 Im WTO-Jargon üblicherweise „Non-product-related processes and production methods" (nPR PPMs) genannt.

Nachhaltigkeit differenzieren,[15] ist auch das vierte Kriterium ein Indiz für die Annahme von *like products*.

Das dritte Kriterium, die Verbraucheransichten, lässt sich demgegenüber eventuell als Argument gegen die Annahme einer Gleichartigkeit verwenden. Zumindest ein Teil der Verbraucher in der EU dürfte nachhaltig bzw. nicht nachhaltig erzeugte Biokraftstoffe als grundlegend anders bewerten.[16] Als zusätzliches Argument gegen Gleichartigkeit ließe sich ferner anführen, dass in verschiedenen internationalen Foren an Nachhaltigkeitskriterien speziell für Biotreibstoffe gearbeitet wird: Zu erwähnen sind insbesondere die Arbeiten der ursprünglich von den G8 lancierten und später hinsichtlich der Mitgliedschaft erweiterten[17] *Global Bioenergy Partnership*.[18] Zu erwähnen ist allerdings, dass sich dieses Argument nur schwerlich den vom Appellate Body bislang verwandten Kriterien zuordnen lässt.

Die Frage der Gleichartigkeit ist hier nicht ganz eindeutig zu beantworten. Der Appellate Body hat darauf hingewiesen, aus systematischen Gründen sei der Begriff *like products* in Art. III:2 Satz 1 GATT enger auszulegen als in anderen WTO-Vorschriften.[19] Dies ist für die Beurteilung im konkreten Einzelfall allerdings nur begrenzt ergiebig. Bei einer Abwägung der soeben aufgeführten Indizien wäre zumindest gut möglich, wenn nicht sogar wahrscheinlich, dass in einem Streitbeilegungsverfahren nachhaltig und nicht nachhaltig erzeugte Biokraftstoffe als *like products* gewertet würden.

Zweite Hauptvoraussetzung von Art. III:2 Satz 1 GATT ist, dass die benachteiligten gleichartigen Erzeugnisse Importwaren sein müssen. Dabei ist unbestritten, dass nicht nur Maßnahmen erfasst sind, die importierte Waren *ausdrücklich* schlechter stellen. Die genauen Voraussetzungen einer *de-facto*-Diskriminierung sind indes in der WTO-Spruchpraxis noch nicht endgültig geklärt. Der Appellate Body hat betont, es liege kein Verstoß gegen Art. III GATT vor, wenn eine Schlechterbehandlung gleichartiger Produkte auf Umstände zurückzuführen sei, die nicht mit der Herkunft zusammenhängen,

15 Vgl. *International Policy Council*, WTO Disciplines and Biofuels: Opportunities and Constraints in the Creation of a Global Marketplace (http://www.agritrade.org/Publications/DiscussionPapers/WTO_Disciplines_Biofuels.pdf).

16 Deutlich in diesem Sinne *Switzer*, International Trade Law and the Environment: Designing a Legal Framework to Curtail the Import of Unsustainably Produced Biofuel (http://ssrn.com/abstract=980689), 10. Ähnlich das Positionspapier von *Oxfam*, A Note Summarising Legal Expert Opinion Received by Oxfam Pertaining to EU Biofuel Policy on Social Standards and WTO Compliance (http://www.oxfam.de/download/biofuel_wto.pdf). Vorsichtiger *Van den Bossche/Schrijver/Faber* (Fn. 8), 63 f.

17 Zu den Mitgliedern von GBEP siehe http://www.globalbioenergy.org/aboutgbep/partners-membership/en/.

18 GBEP, http://www.globalbioenergy.org/aboutgbep/en/.

19 Bericht des Appellate Body in *Japan – Taxes on Alcoholic Beverages*, WT/DS10/AB/R, 19-21.

sondern beispielsweise mit dem jeweiligen Marktanteil.[20] Dieses Beispiel ist plausibel, da sich Marktanteile ändern können und deshalb nicht unbedingt herkunftsbezogen sind. Die Auffassung des Appellate Body würde indes überstrapaziert, wenn man als Argument gegen eine *de-facto*-Diskriminierung bereits die Behauptung des Importstaats ausreichen ließe, dass zwei Produktgruppen z.B. im Hinblick auf ihre Risiken unterschiedlich sind.[21] Eine derart subjektive Abgrenzung wäre ein Einfallstor für Schutzbehauptungen, ließe sich als Wiedereinführung des auch vom Appellate Body gerade bei Art. III:2 Satz 1 GATT abgelehnten, nach einer protektionistischen Absicht des Importstaats fragenden *aims-and-effects*-Tests werten[22] und würde die Kategorie der *de-facto*-Diskriminierung praktisch entwerten. Eine schlüssige Abgrenzung wäre dagegen die Analyse, ob die Gruppe der benachteiligten Produkte so definiert ist, dass im Ergebnis importierte Erzeugnisse stärker betroffen sein *müssen*. Dies ist desto eher der Fall, je mehr die Ursachen der Schlechterbehandlung an Umstände im Herkunfts- oder Importland anknüpfen, die sich nicht oder nur sehr schwer ändern lassen. Dies ist beim Beispiel der Marktanteile normalerweise nicht der Fall. Anders wäre es beispielsweise, wenn auf die natürlichen Standortbedingungen im Produktionsland abgestellt wird. Es bleibt weiteren Entscheidungen der WTO-Spruchpraxis vorbehalten, wie die Grenze zwischen *de-facto*-Diskriminierung und herkunftsneutraler Schlechterbehandlung letztlich aussieht.

Was folgt daraus für die Nachhaltigkeitskriterien der Erneuerbare-Energien-RL? Eine ausdrückliche Absicht, importierte Erzeugnisse durch die Nachhaltigkeitskriterien stärker zu belasten, ist der Richtlinie nicht zu entnehmen. Wenn man die Nachhaltigkeitskriterien „im Saldo" betrachtet, lässt sich auch nicht der Schluss ziehen, dass rein faktisch Importe aus Drittländern schlechter gestellt sind. Bestimmte Vorgaben gelten sogar ausschließlich für EU-Erzeugnisse.[23] In diesem Zusammenhang ist als Indiz gegen eine Diskriminierung importierter Produkte zu erwähnen, dass auch Interessenvertreter der EU-Erzeuger sich teilweise deutlich über die Nachhaltigkeitsanforderungen

20 Bericht des Appellate Body in *Dominican Republic – Import and Sale of Cigarettes*, WT/DS302/AB/R, para. 96.

21 Dazu neigt – im Zusammenhang mit Art. III:4 GATT – offenbar das Panel in European Communities – Measures Affecting the Approval and Marketing of Biotech Products, para. 7.2411. Ausführlich hierzu *Franken/Burchardi*, Beyond Biosafety – An Analysis of the EC-Biotech Panel Report, Aussenwirtschaft 2007, 77, 100 ff.

22 Vgl. den Bericht des Appellate Body in *Japan – Taxes on Alcoholic Beverages*, WT/DS10/AB/R, 18-19 zur Abschaffung von aims and effects. Auch *Porges/Trachtmann*, Robert Hudec and Domestic Regulation: The Ressurection of Aim and Effects, JWT 2003, 783, 797 neigen dazu, bei Art. III:2 Satz 1 GATT „aims and effects" nicht anzuwenden, anders als z.B. bei Art. III:4 GATT.

23 S. u. unter II. (3).

beklagt haben.[24] Allerdings gibt es gewisse Kriterien, etwa den Schutz von Primärwäldern, die je nach Auslegung der unbestimmten Rechtsbegriffe für Importprodukte aus bestimmten Ländern schwerer als für heimische Biokraftstoffe erfüllbar sein könnten.

Insgesamt sprechen angesichts der ausdrücklich herkunftsneutralen Zielsetzung keine evidenten Gründe dafür, dass ein Panel die Steuervorteile für nachhaltig hergestellte Biokraftstoffe gegenüber nicht nachhaltig erzeugten Biokraftstoffen als einen Verstoß gegen Art. III:2 Satz 1 GATT werten würde. Zu berücksichtigen ist, dass die bisherige Judikatur nicht unerhebliche Interpretationsspielräume belässt. Entscheidend werden außerdem die Umsetzung der Richtlinie in den EU-Mitgliedstaaten und die praktische Anwendung sein, gerade im Hinblick auf ihre unbestimmten Rechtsbegriffe.[25] Dies gilt gerade auch für die mitgliedstaatlichen Verfahren zur Prüfung, inwieweit die Nachhaltigkeitsregeln in einem konkreten Fall erfüllt sind. Die Erneuerbare-Energien-RL belässt diesbezüglich Interpretationsspielraum.[26]

Oben wurde angedeutet, dass sich außer der Gegenüberstellung von nachhaltig und nicht nachhaltig erzeugten Biokraftstoffen für die Prüfung eines Verstoßes gegen Art. III GATT noch ein weiterer Vergleich anbietet, nämlich zwischen Biokraftstoffen und bestimmten Lebensmitteln. Die Unterschiede, die über die Verwendbarkeit als Kraftstoff oder Lebensmittel entscheiden, können minimal sein. Bestimmte Pflanzenöle können sogar „dual use"-fähig sein. Werden Biokraftstoffe gegenüber (gleichartigen) Lebensmitteln benachteiligt, weil es für diese keine den Nachhaltigkeitskriterien der Erneuerbare-Energien-RL vergleichbare Anforderungen gibt?

Im Hinblick auf die Gleichartigkeit ist zu unterscheiden: Diejenigen Öle etc., die aufgrund identischer Eigenschaften tatsächlich für beide Zwecke eingesetzt werden können, dürften wegen dieser Austauschbarkeit *like products* sein, wenn man die o.a. „klassischen" Kriterien zugrunde legt. Aus demselben Grund lässt sich dann aber auch keine fiskalische oder anderweitige Schlechterbehandlung konstatieren, weil beide Verwendungsmöglichkeiten offen stehen. Bei denjenigen Erzeugnissen, deren technische Unterschiede die Verwendung für den jeweils anderen Zweck ausschließen, sprechen die etablierten Kriterien demgegenüber insgesamt gegen die Annahme von *like products*. Darüber hinaus dürfte es, unabhängig von der Frage, inwieweit es im Lebensmittelbereich vergleichbare Steueranreize gibt, noch schwieriger

24 Vgl. die Pressemitteilungen des *Deutschen Bauernverbandes*, http://www.bauernverband.de/?redid=305838 und der *Union zur Förderung von Oel- und Proteinpflanzen e.V.*, http://www.ufop.de/3349.php.

25 Zu einem ähnlichen Ergebnis gelangen für das Schweizer Recht *Brühwiler/Hauser*, Biofuels and WTO Disciplines, Aussenwirtschaft 2008, 7, 29.

26 Vgl. Art. 18 f. der Erneuerbare-Energien-RL.

sein als oben beim Vergleich zwischen nachhaltigen und nicht nachhaltigen Biokraftstoffen, aus der Beschränkung der Nachhaltigkeitskriterien auf den Biokraftstoffsektor auf einen zumindest faktischen Herkunftsbezug zu schließen, insbesondere wenn man die kritische Reaktion der EU-Erzeuger auf die Nachhaltigkeitskriterien der Erneuerbare-Energien-RL berücksichtigt.

Wie für den Vergleich zwischen nachhaltig und nicht nachhaltig erzeugten Biokraftstoffen ist daher auch für den Vergleich zwischen Biokraftstoffen und Lebensmitteln zu konstatieren, dass ein Panel voraussichtlich keinen Verstoß der EU-Nachhaltigkeitskriterien gegen Art. III:2 Satz 1 GATT feststellen dürfte.

b) Unterschiedliche fiskalische Belastung direkt konkurrierender oder substituierbarer Produkte in protektionistischer Absicht, Art. III:2 Satz 2 GATT

Art. III:2 Satz 2 GATT ist einerseits weiter gefasst als Satz 1, weil die Kategorie der direkt konkurrierenden oder austauschbaren Produkte weiter ist als die der *like products*. Andererseits sind die Anforderungen an den Nachweis eines Verstoßes insoweit strenger, als die unterschiedliche Belastung mehr als minimal sein muss und eine protektionistische Absicht vorausgesetzt wird.

Der Appellate Body hat dargelegt, *like products* i.S.v. Satz 1 seien eine Teilmenge der direkt konkurrierenden oder substituierbaren Produkte.[27] Oben wurde die Vermutung geäußert, ein Panel würde nachhaltig und nicht nachhaltig erzeugte Biokraftstoffe voraussichtlich als *like products* werten. Dementsprechend wären diese Produkte erst recht direkt konkurrierend bzw. substituierbar i.S.v. Satz 2. Selbst wenn man keine *like products* annähme, dürften sie wegen der physikalischen Identität austauschbar i.S.v. Satz 2 sein.

Bei Art. III:2 Satz 2 GATT setzt der Appellate Body voraus, dass die fiskalischen Unterschiede oberhalb einer *de-minimis*-Schwelle liegen. Es sei allerdings schon WTO-widrig, wenn sie nur für einige direkt konkurrierende bzw. austauschbare Importprodukte überschritten werde.[28] Dies dürfte etwa im Falle der gegenwärtigen Steuervergünstigungen in Deutschland der Fall sein.[29]

Als Indizien für eine protektionistische Absicht zieht der Appellate Body insbesondere Konzeption und Struktur der betreffenden Importbeschränkung

27 Bericht des Appellate Body in *Korea – Taxes on Alcoholic Beverages*, WT/DS75/AB/R und WT/DS84/AB/R, 118.

28 Bericht des Appellate Body in *Canada – Certain Measures Concerning Periodicals*, WT/DS31/AB/R, 474.

29 Vgl. § 50 des Energiesteuergesetzes.

heran.[30] Ähnlich wie oben bei Art. III:2 Satz 1 GATT dürfte auch hier festzustellen sein, dass die gegenwärtige Indizienlage für ein Panel kaum ausreichen dürfte, um der EU eine protektionistische Absicht zu unterstellen. Jedenfalls bleiben Umsetzung und Anwendung der Richtlinie abzuwarten.

3. Keine Schlechterbehandlung von like products durch interne Anforderungen, Art. III:4 GATT

Art. III:4 GATT enthält ein allgemeines Verbot, importierte *like products* durch interne Maßnahmen schlechter zu behandeln als gleichartige heimische Erzeugnisse. Diese Vorschrift erfasst nicht nur (zusätzlich zu Art. III:2 GATT) bestimmte fiskalische Maßnahmen.[31] Für die Erneuerbare-Energien-RL bedeutsam ist, dass auch eine Pflicht für die Wirtschaftsteilnehmer, über die Herkunft bzw. Herstellung ihrer Produkte Auskunft zu geben, eine interne Vorschrift i.S.v. Art. III:4 GATT sein kann.[32] Die Erneuerbare-Energien-RL konstituiert insbesondere für die sozioökonomischen Belange eine derartige Auskunftspflicht.

Aus systematischen Erwägungen hat der Appellate Body gefolgert, der Begriff der *like products* sei bei Art. III:4 GATT weiter zu verstehen als bei Art. III:2 GATT.[33] Oben wurde die Auffassung vertreten, nachhaltig und nicht nachhaltig erzeugte Biokraftstoffe seien vermutlich *like products* i.S.v. Art. III:2 GATT. Dies gilt *a fortiori* für Art. III:4 GATT.

Auch Art. III:4 GATT verbietet nur die herkunftsbedingte Schlechterbehandlung (auch in ihrer *de-facto*-Form). Ähnlich wie oben gilt auch hinsichtlich der Berichtspflicht, dass die Richtlinie selbst keine Anzeichen für eine herkunftsbezogene Schlechterbehandlung von Importerzeugnissen zeigt und ihre Umsetzung und Anwendung abzuwarten bleiben.[34]

4. Keine Schlechterbehandlung von Importen bei Mengenvorgaben, Art. III:5 GATT

Der in der bisherigen GATT- und WTO-Spruchpraxis selten[35] angewandte Art. III:5 GATT verbietet u.a., dass bei staatlichen Vorgaben zur Produktzu-

30 „Design, architecture, and the revealing structure of the measure". *Japan – Taxes on Alcoholic Beverages*, WT/DS10/AB/R, 119.

31 Vgl. den Bericht des Panels in *Mexico – Tax Measures on Soft Drinks and Other Beverages*, WT/DS308/AB/R, para. 8.97-113.

32 *Van den Bossche/Schrijver/Faber* (Fn. 8), 53.

33 *European Communities – European Communities – Measures Affecting Asbestos and Asbestos-Containing Products*, WT/DS135/AB/R, para. 96.

34 Allgemein zu Berichtspflichten wohl skeptischer *Van den Bossche/Schrijver/Faber* (Fn. 8), 71 f. Ihre Auffassung ist allerdings nicht ganz eindeutig, insbesondere auch nicht, inwieweit sie den Herkunftsbezug als *conditio sine qua non* für die WTO-Widrigkeit berücksichtigen.

35 Vgl. die Nachweise bei *Van den Bossche/Schrijver/Faber* (Fn. 8), 73.

sammensetzung *de iure* oder *de facto* heimische Bestandteile bevorzugt werden. Relevant ist dies für die in Deutschland vorgesehenen Beimischungsquoten für Biokraftstoffe.

Wie zu den anderen Teilen von Art. III GATT lässt sich auch zu Art. III:5 GATT festhalten, dass die Richtlinie insgesamt nicht erkennen lässt, dass heimische Erzeugnisse *per se* bevorzugt würden. Abgesehen von der bislang nicht eindeutigen Spruchpraxis steht diese These unter dem Vorbehalt, dass Umsetzung in den EU-Mitgliedstaaten und praktische Anwendung diskriminierungsfrei verlaufen.

5. Rechtfertigung nach Art. XX GATT

Trotz der Vermutung, dass ein Panel die Kernelemente der EU-Nachhaltigkeitskriterien als GATT-konform wertet, ist eine Restunsicherheit zu konstatieren. Dies gilt aus zwei Gründen, nämlich zum einen wegen erwähnter Interpretationsspielräume in der Spruchpraxis zur Schlechterbehandlung bei Art. III GATT, zum anderen im Hinblick auf Umsetzung und Anwendung der Erneuerbare-Energien-RL. Dementsprechend ist zu untersuchen, inwieweit ein etwaiger Verstoß gegen Art. III GATT gerechtfertigt werden könnte.

a) Art. XX (b) und (g) GATT: Rechtfertigung der ökologischen Nachhaltigkeitskriterien

Oben wurde beschrieben, dass die ökologischen Nachhaltigkeitskriterien der Erneuerbare-Energien-RL schwerpunktmäßig dem Schutz von Klima und biologischer Vielfalt dienen. Von den Anwendungsfällen des Art. XX GATT kommen dafür v. a. Art. XX (b) (für den Schutz des Lebens/der Gesundheit von Menschen, Tieren oder Pflanzen notwendige Maßnahmen) und (g) (Maßnahmen zur Erhaltung erschöpflicher natürlicher Ressourcen) in Betracht.

Der Tatbestand dieser Ausnahmeregeln ist für die biologische Vielfalt erfüllt. Auch im Hinblick auf den Klimaschutz dürfte mittlerweile geklärt sein, dass zumindest Art. XX (g) GATT (möglicherweise auch Art. XX (b) GATT[36]) einschlägig ist, insbesondere wenn man berücksichtigt, dass der Appellate Body die „saubere Luft" unter Art. XX (g) GATT subsumiert hat[37].

Gerade im Zusammenhang mit Art. XX (g) GATT hat der Appellate Body im Übrigen bestätigt, dass auch solche Handelsbeschränkungen gerechtfertigt

36 *Pauwelyn*, US Federal Climate Policy and competitiveness Concerns: The Limits and Options of International Trade Law, Nicholas Institute for Environmental Policy Solutions, Duke University (http://www.nicholas.duke.edu/institute/internationaltradelaw.pdf), 34, Fn. 93.

37 Bericht des Appellate Body in *US – Standards for Reformulated and Conventional Gasoline*, WT/DS2/AB/R, 19.

sein können, die alleine auf den Herstellungsprozess abstellen.[38] Er hat dagegen noch nicht abschließend entschieden, inwieweit Art. XX GATT auch den Schutz von Rechtsgütern legitimiert, die nicht im Importstaat belegen sind. Ausreichend sei jedenfalls, wenn es eine „ausreichende Verbindung" zwischen Schutzgut und Importstaat gebe. Diesen *sufficient nexus* sah der Appellate Body etwa dadurch gegeben, dass die geschützten Tiere sich zeitweise im Hoheitsgebiet des Importstaates aufhalten.[39] Für Klimaschutz und biologische Vielfalt, die auch nach den einschlägigen UN-Abkommen zu Umweltaspekten mit globalen Auswirkungen zu rechnen sind,[40] lässt sich ein *sufficient nexus* in diesem Sinne begründen.[41]

Art. XX (g) GATT rechtfertigt allerdings ausdrücklich nur Importbeschränkungen, die zusammen mit Beschränkungen von Produktion und Verbrauch im Importstaat verhängt werden. Diese Voraussetzung interpretiert der Appellate Body im Sinne eines Gebotes gerechter, obgleich nicht identischer Behandlung von importierten und heimischen Erzeugnissen.[42] Dabei deutet der Appellate Body an, dass nicht jeder Verstoß gegen Art. III GATT automatisch auch dieses Gebot der *even-handedness* i.S.v. Art. XX (g) GATT verletzt.[43] Diejenigen Argumente, mit denen oben begründet wurde, warum die Kernelemente der EU-Nachhaltigkeitskriterien importierte Produkte nicht schlechter behandeln als heimische Waren, lassen sich daher hier erst recht anführen. Was Umsetzung und Anwendung der Richtlinie angeht, müssen die EU-Mitgliedstaaten indes beachten, dass ein erkennbar einseitiges Vorgehen zulasten von Importerzeugnissen (etwa bei den Verfahren zur Kontrolle der Einhaltung der Nachhaltigkeitskriterien) durchaus an dieser Voraussetzung von Art. XX (g) GATT scheitern kann.

Während sich, von diesen hypothetischen Unsicherheiten hinsichtlich Anwendung und Umsetzung der Nachhaltigkeitskriterien abgesehen, der Tatbestand zumindest von Art. XX (g) GATT, vielleicht auch von Art. XX (b)

38 Vgl. *US – Import Prohibition of Certain Shrimp and Shrimp Products*, WT/DS58/AB/R, para. 121, und die zahlreichen Äußerungen im Schrifttum hierzu, etwa *Van den Bossche/Schrijver/Faber* (Fn. 8), 93.

39 *US – Import Prohibition of Certain Shrimp and Shrimp Products*, WT/DS58/AB/R, para. 133. Das Panel in *European Communities – Conditions for the Granting of Tariff Preferences to Developing Countries*, WT/DS246/R, para. 7.210, hat die Anwendung von Art. XX (b) GATT abgelehnt, wenn die zu Schützenden sich nicht im Importstaat befinden. Kritisch zum Erfordernis des *sufficient nexus* etwa *Bender*, Domestically Prohibited Goods, 2006, 161 ff.

40 In der Präambel der UN-Biodiversitätskonvention heißt es „[...] Affirming that the conservation of biological diversity is a common concern of humankind, [...]".

41 Vgl. *Van den Bossche/Schrijver/Faber* (Fn. 8), 96; *Pauwelyn* (Fn. 36), 35.

42 „The clause is a requirement of even-handedness in the imposition of restrictions (...)" Bericht des Appellate Body in *US – Standards for Reformulated and Conventional Gasoline*, WT/DS2/AB/R, 20 f.

43 A.a.O.

GATT zur Rechtfertigung von Nachhaltigkeitskriterien zum Schutze von Klima bzw. biologischer Vielfalt heranziehen lässt, wird weiter unten zu untersuchen sein, welche Folgerungen sich aus dem *Chapeau* von Art. XX GATT ergeben.

b) Art. XX (a) GATT: Rechtfertigung der sozioökonomischen Nachhaltigkeitskriterien

Für eine Rechtfertigung der Auskunftspflicht über die sozioökonomischen Parameter der Erneuerbare-Energien-RL kommt hauptsächlich Art. XX (a) GATT (zum Schutze der öffentlichen Moral erforderliche Maßnahmen) in Betracht. Art. XX (b) GATT ist demgegenüber für einige Aspekte der Auskunftspflicht nicht ausreichend.[44] Diese erfasst nämlich beispielsweise das ILO-Übereinkommen über die Vereinigungsfreiheit und den Schutz des Vereinigungsrechts, welches nicht mehr als für den Schutz des Lebens/der Gesundheit von Menschen, Tieren oder Pflanzen notwendige Maßnahme zu werten sein dürfte.

Was den Schutz öffentlicher Moral nach Art. XX (a) GATT betrifft, ist politisch verständlich, dass die Norm in der bisherigen Spruchpraxis geringe Aufmerksamkeit erfahren hat. Einerseits ist der Schutz der öffentlichen Moral Kernbereich staatlicher Souveränität. Bei weiter Interpretation birgt die Norm andererseits ein erhebliches Missbrauchsrisiko. In dem ersten Streitbeilegungsverfahren, in dem eine Rechtfertigung zum Schutze der öffentlichen Moral untersucht wurde, definierte das Panel öffentliche Moral als „Standards richtigen und falschen Verhaltens, die von einer Gemeinschaft oder Nation oder in ihrem Namen gepflegt werden". Das Panel betonte, die WTO-Mitglieder hätten hierbei einigen Beurteilungsspielraum.[45] Im Lichte dieser Rechtsprechung kommen einige Autoren zu dem nachvollziehbaren Schluss, sozioökonomische Nachhaltigkeitsparameter könnten *prinzipiell* nach Art. XX (a) GATT gerechtfertigt sein.[46]

Wenn Nachhaltigkeitsvorgaben wie die Berichtspflicht nach der Erneuerbare-Energien-RL auf internationale Referenzen außerhalb des WTO-Rahmens verweisen, lässt sich dies als ein zusätzliches Argument für eine Rechtfertigung anführen. Die internationalen Quellen, etwa die ILO-Standards, kön-

44 Insofern ist das unter Fn. 16 zitierte Positionspapier von Oxfam zu optimistisch.

45 Es ging um die mit Art. XX (a) GATT insoweit vergleichbare Vorschrift des GATS, *US – Measures Affecting the Cross-Border Supply of Gambling and Betting Services*, WT/DS285/R, para. 6.457-6.474. Zur Herleitung kritisch, aber im Ergebnis zustimmend *Diebold*, The Morals and Order Exceptions in WTO law: Balancing the Toothless Tiger and the Undermining Mole, JIEL 2007, 43.

46 *Van den Bossche/Schrijver/Faber* (Fn. 8), 18; *Charnovitz/Earley/Howse*, An Examination of Social Standards in Biofuels Sustainability Criteria (http://www.agritrade.org/documents/SocialStnds_Biofuels_FINAL.pdf), 13.

nen als Instrument für die Auslegung von Art. XX (a) GATT herangezogen werden.[47]

Die Inbezugnahme völkerrechtlicher Normen durch die Erneuerbare-Energien-RL ist umso wichtiger, als nur zum Schutz der öffentlichen Moral *notwendige* Maßnahmen gerechtfertigt sind. Der Judikatur zufolge ist für die Frage der Notwendigkeit bei Art. XX (a) GATT wie bei anderen Erwähnungen im WTO-Recht eine Abwägung erforderlich, um zu ermitteln, ob eine weniger handelsbeschränkende Alternativmaßnahme existiert, deren Anwendung vom Importstaat vernünftigerweise erwartet werden kann. Hierbei seien insbesondere die relative Bedeutung der verfolgten Ziele zu berücksichtigen, ebenso der Beitrag der Handelsbeschränkung zur Erreichung dieser Ziele und die handelsbeschränkende Wirkung.[48] Dass die Erneuerbare-Energien-RL an die international weit akzeptierten ILO-Standards anknüpft, dürfte in dieser Abwägung ins Gewicht fallen. Es spricht auch zugunsten der EU, dass die sozioökonomischen Belange „nur" von der Berichtspflicht erfasst sind. Diese beeinträchtigt den Handel weniger als etwa der Wegfall von Steuervorteilen oder der Anrechenbarkeit auf Beimischungsquoten, wenn die Vorgaben zur Reduzierung von Treibhausgasen nicht erfüllt sind.

Es lässt sich festhalten, dass die Kernelemente der Nachhaltigkeitskriterien der Erneuerbare-Energien-RL daher, sofern man einen Verstoß gegen Art. III GATT für möglich hält, nach Art. XX (a), (b) bzw. (g) gerechtfertigt werden könnten. Entscheidende zusätzliche Voraussetzung ist, dass die allgemeinen Vorgaben des *Chapeau* von Art. XX GATT eingehalten sind.

c) Der Chapeau von Art. XX GATT

Der *Chapeau* verlangt, dass Maßnahmen nicht so angewandt werden, dass sie zu einer willkürlichen oder ungerechtfertigten Diskriminierung zwischen Ländern mit denselben Verhältnissen führen oder zu einer verschleierten Beschränkung des internationalen Handels. Die Vorschrift ist eine Ausprägung

47 Zwar finden sich in der jüngeren Spruchpraxis Aussagen, wonach eine *Pflicht* eines Panels zur Berücksichtigung von Nicht-WTO-Normen höchstens bestehen könne, wenn alle WTO-Mitglieder auch Mitglieder des anderen Vertragswerkes sind. Vgl. den Bericht des Panel in *European Communities – Measures Affecting the Approval and Marketing of Biotech Products*, WT/DS291/R, WT/DS292/R und WT/DS293/R para. 7.67-7.71, und die insoweit unklaren Aussagen des Appellate Body in *Mexiko – Tax Measures on Soft Drinks and Other Beverages,* WT/DS308/AB/R, para 56. Abgesehen davon, dass diese restriktive Interpretation berechtigte Kritik im Schrifttum erfahren hat (vgl. nur *Howse/Horn*, European Communities – Measures Affecting the Approval and Marketing of Biotech Products, WTR 2009, 49, 53 ff.; *Franken/Burchardi* (Fn. 21), 79 ff., belässt sie die *Möglichkeit*, Nicht-WTO-Normen zur Auslegung von WTO-Vorschriften zu berücksichtigen.

48 Vgl. zuletzt den Bericht des Panels in *China – Measures Affecting Trading Rights and Distribution Services for Certain Publications and Audiovisual Entertainment Products*, WT/DS363/R, para. 7.782-7.788.

des Prinzips von Treu und Glauben.[49] Zuletzt hat der Appellate Body eine Verletzung des *Chapeau* erkannt, wenn eine Maßnahme zwischen Ländern mit denselben Verhältnissen unterscheide und diese Unterscheidung nicht zum Regelungsziel der Maßnahme passe.[50]

Die klassischen Fallgruppen für Verstöße gegen den *Chapeau* dürften im Hinblick auf die Erneuerbare-Energien-RL nicht einschlägig sein: Problematisch wäre es etwa, wenn sie den Exportstaaten keine ausreichende Flexibilität bei der Erfüllung der Nachhaltigkeitskriterien ließe.[51] Dies lässt sich nicht überzeugend begründen angesichts der unbestimmten Rechtsbegriffe etwa beim Schutz der biologischen Vielfalt. Angesichts der Bemühungen, auf internationaler Ebene einen Konsens über Nachhaltigkeitskriterien zu erreichen, lässt sich auch kaum der Vorwurf erheben, die EU habe sich nicht ausreichend um eine einvernehmliche Lösung mit den maßgeblichen Staaten bemüht.[52]

Diskussionswürdig ist hingegen, dass sich die Nachhaltigkeitskriterien auf Biokraftstoffe und flüssige Biobrennstoffe beschränken. Nicht erfasst ist insbesondere die Lebensmittelproduktion, obwohl die Rohstoffe z.T. dieselben sind. Diese Selektivität lässt sich mit den Worten des ehemaligen EU-Kommissars für Außenhandel Mandelson hinterfragen: „Why should we suggest there is an obligation on producers who export sugar cane biofuel, but not on those who export plain sugar cane?“[53] Aussagen des Appellate Body deuten darauf hin, dass die Vereinbarkeit mit dem *Chapeau* problematisch sein kann, wenn Handelsbeschränkungen nur für einen bestimmten Bereich getroffen werden, obwohl die zugrunde liegenden Erwägungen auch für andere Sektoren gelten[54]. Es stellt sich daher die Frage, ob die EU in WTO-widriger Weise die Nachhaltigkeitskriterien auf bestimmte Bereiche beschränkt.

49 Bericht des Appellate Body in *US – Import Prohibition of Certain Shrimp and Shrimp Products*, WT/DS58/AB/R, para. 158. Hierzu ausführlich *Göttsche*, Die Anwendung von Rechtsprinzipien in der Spruchpraxis der WTO-Rechtsmittelinstanz, 2005, 312 ff.

50 Vgl. den Bericht des Appellate Body in *Brazil – Measures Affecting Imports of Retreaded Tyres*, WT/DS332/AB/R, para. 227.

51 Vgl. den Bericht des Appellate Body, *US – Import Prohibition of Certain Shrimp and Shrimp Products*, WT/DS58/AB/R, para. 164.

52 Vgl. zu dieser Fallgruppe den Bericht des Appellate Body, *US – Import Prohibition of Certain Shrimp and Shrimp Products*, WT/DS58/AB/R, para. 166. Inwieweit über die Pflicht zur Einbeziehung aller wesentlichen Handelspartner in derartige Verhandlungen hinaus überhaupt eine Pflicht besteht, vor der Verhängung von Handelsbeschränkungen Verhandlungen zu führen, dürfte angesichts der breit gefächerten Verhandlungsinitiativen der EU im vorliegenden Fall unerheblich sein. Vgl. hierzu den Bericht des Appellate Body in *US – Measures Affecting the Cross-Border Supply of Gambling and Betting Services*, WT/DS285/AB/R, para. 317.

53 *Peter Mandelson*, Keeping the Crop in Hand, The Guardian, 29.04.2008, http://www.guardian.co.uk/commentisfree/2008/apr/29/biofuels.energy/print.

54 Vgl. den Bericht des Appellate Body in *US – Measures Affecting the Cross-Border Supply of Gambling and Betting Services*, WT/DS285/AB/R, para. 346-347. Es ging um den *Chapeau* zu Art. XIV GATS, der insoweit Art. XX GATT weitgehend entspricht.

Dabei ist zu betonen, dass der *Chapeau* angesichts der in diesem Beitrag vertretenen Auffassung, wonach die EU-Nachhaltigkeitskriterien schon nicht gegen Art. III GATT verstoßen, wie Art. XX GATT insgesamt nur hilfsweise (bzw. im Hinblick auf Umsetzung/Anwendung der Richtlinie hypothetisch) erörtert wird. Wenn man hingegen einen Verstoß gegen Art. III GATT in einer Schlechterbehandlung nicht nachhaltiger Biokraftstoffe gegenüber nachhaltigen Biokraftstoffen erkennt, die unterschiedliche Behandlung der Biokraftstoffe gegenüber Lebensmitteln aber als mit Art. III GATT vereinbar wertet, stellt sich eine zusätzliche systematische Frage: Zwar folgert der Appellate Body zu Recht aus der Systematik des GATT, dass nicht jeder Verstoß gegen das Diskriminierungsverbot in Art. III GATT auch den *Chapeau* verletzt.[55] Könnte aber umgekehrt auch eine Differenzierung, die für sich betrachtet mit Art. III GATT in Einklang steht, die Anforderungen des *Chapeau* verletzen? Ohne diese grundlegende Frage im Rahmen dieses Beitrags erschöpfend erörtern zu können, dürfte eine Vereinbarkeit mit Art. III GATT ein Indiz dafür sein, dass eine Differenzierung auch *Chapeau*-konform ist. Es ist aber nicht ersichtlich, warum eine mit Art. III GATT vereinbare Differenzierung unter keinen Umständen gegen den *Chapeau* verstoßen können sollte. Eine so schematische Sichtweise wäre schwerlich mit erwähntem Charakter des *Chapeau* als Ausprägung von Treu und Glauben vereinbar, da diese Generalklausel eine am Einzelfall orientierte Untersuchung der Kohärenz von Maßnahmen voraussetzt, die sich auf die WTO-rechtlich privilegierten Regelungsziele aus dem Katalog von Art. XX GATT stützen.

Wäre es, einen Verstoß gegen Art. III GATT vorausgesetzt, in diesem Sinne WTO-widrig, dass sich die EU-Nachhaltigkeitskriterien bislang auf den Kraftstoffbereich beschränken? Wie erwähnt, hat der Appellate Body auf mögliche Probleme hingewiesen, wenn Handelsbeschränkungen nur Teilbereiche erfassen. Er nahm jedoch eine WTO-Konformität bereits an, wenn *einige* der Motive nur für den geregelten Bereich gelten.[56] Für die Erneuerbare-Energien-RL lässt sich anführen, dass zwar z.B. die Vorgaben zum Schutze der biologischen Vielfalt teilweise auch für den Anbau von Pflanzen als Lebensmittel sinnvoll sein mögen. Dies ist aber beispielsweise anders für die Auswirkungen der Biokraftstoffproduktion auf die Verfügbarkeit von Nahrungsmitteln, einen der Aspekte der Erneuerbare-Energien-RL, der von der Berichtspflicht erfasst ist. Eine weitere Besonderheit ist, dass die EU-Nachhaltigkeitskriterien mit sektorspezifischen Anreizmechanismen wie insbesondere Steuervergünstigungen oder Beimischungsquoten kombiniert sind. Wesentliches Anliegen der Erneuerbare-Energien-RL ist, dass diese besonderen Anreize nicht zu zusätzlichen negativen Effekten etwa

55 Bericht des Appellate Body in *US – Standards for Reformulated and Conventional Gasoline*, WT/DS2/AB/R, 23.

56 A.a.O.

auf die Umwelt führen. Insofern gibt es auch im Lichte der zitierten Rechtsprechung durchaus Argumente für die These, dass der bislang beschränkte Geltungsbereich der Nachhaltigkeitskriterien unschädlich ist.[57]

Für den allgemeinen, über den Energiesektor hinausgehenden Ansatz dieses Beitrags ist außerdem entscheidend, dass selbst, falls ein Panel in dem beschränkten Geltungsbereich einen WTO-Verstoß sähe, dieser nicht zwingend durch Abschaffung der Nachhaltigkeitskriterien beseitigt werden müsste. Es wäre auch möglich, die Kriterien auf als wertungsmäßig vergleichbar identifizierte Sektoren zu erstrecken. In diesem Zusammenhang ist bemerkenswert, dass die Begründung zur deutschen Biomassestrom-Nachhaltigkeitsverordnung eine perspektivische Ausdehnung etwa auf die Lebensmittelproduktion erwähnt, ebenso der Koalitionsvertrag zwischen CDU/CSU und FDP für die 17. Wahlperiode.[58] In diesem Sinne sprechen daher gute Argumente für eine Rechtfertigung der Kernelemente der Nachhaltigkeitskriterien nach Art. XX GATT.

6. *Rechtfertigung nach weiteren WTO-Vorschriften*

Als weitere Möglichkeit, einen etwaigen WTO-Verstoß zu rechtfertigen, wäre die sog. *Enabling Clause*[59] zu erwähnen. Da sie unter bestimmten Umständen Verstöße gegen das Meistbegünstigungsprinzip nach Art. I GATT zugunsten von Entwicklungsländern rechtfertigt, spielt sie jedoch in der vorliegenden, an Art. III GATT orientierten Konstellation keine wesentliche Rolle.[60]

Die Ausnahmen zur Wahrung der nationalen Sicherheit nach Art. XXI GATT dürften im vorliegenden Fall ebenfalls, entgegen einer optimistischeren Einschätzung im Schrifttum,[61] keine realistische Handhabe bieten. Es ist nicht erkennbar, dass die Sicherheitsinteressen die Beschränkung von

57 Tendenziell optimistisch ist die Einschätzung von *Charnovitz/Earley/Howse* (Fn. 46), 15.

58 „Die Anforderungen können jedoch auch als Modell für weitere Sektoren (z.B. Lebensmittelproduktion) Vorbildcharakter entfalten und dadurch die indirekten Verdrängungseffekte, die zuletzt z.B. vom Wissenschaftlichen Beirat der Bundesregierung Globale Umweltveränderungen kritisiert wurden, mittel- und langfristig bekämpfen." Im Koalitionsvertrag zwischen CDU/CSU und FDP heißt es auf S. 20: „Für Biomasse wollen wir Initiativen für eine international wirksame Nachhaltigkeitszertifizierung ergreifen, die sowohl die Kraftstoff- und Stromproduktion als auch die Nutzung für Lebens- und Futtermittel umfasst. Bei Betrieben in der EU soll dabei die Prüfung der Cross-Compliance-Regelungen voll anerkannt werden."

59 GATT-Entscheidung „Differential Treatment and More Favourable Treatment, Reciprocity, and Fuller Participation of Developing Countries".

60 Vgl. die Übersicht über die mögliche Bedeutung der *Enabling Clause* für den Biokraftstoffbereich bei *Van den Bossche/Schrijver/Faber* (Fn. 8), 136 ff.

61 *Switzer* (Fn. 16), 14.

Importen nach Maßgabe ökologischer und sozioökonomischer Nachhaltigkeitskriterien erforderten.[62]

III. Handlungsspielräume nach dem TBT-Übereinkommen

Zusätzliche Anforderungen neben dem GATT könnten sich aus dem Übereinkommen über technische Handelshemmnisse (TBT-Übereinkommen) ergeben. Die bisherige Spruchpraxis gibt keine abschließende Antwort auf die bereits bei der Aushandlung des TBT-Übereinkommens strittige Frage, inwieweit ausschließlich verfahrensbezogene Handelsbeschränkungen „technische Vorschriften" sein können, sodass der Anwendungsbereich des TBT-Übereinkommens eröffnet wäre.[63] Diesen Typ von Handelsbeschränkungen vollständig aus dem Anwendungsbereich herauszunehmen, wäre – auch unter Berücksichtigung der praktischen Wirkung derartiger Maßnahmen – wertungsmäßig nur schwer nachvollziehbar, da dann beispielsweise auch die TBT-Notifizierungsvorschriften nicht mehr anwendbar wären, die WTO-Mitglieder also nicht den besonderen TBT-Vorgaben entsprechend durch den Importstaat informiert werden müssten.[64] Da der Wortlaut der einschlägigen WTO-Vorschriften ein für Panels und Appellate Body besonders wichtiger Maßstab ist, verdient die Definition von *technical regulation*[65] in Annex 1 besondere Aufmerksamkeit. Dabei ist festzustellen, dass die allgemeine Definition in Satz 1 nur die auf Produktcharakteristika bezogenen Verfahren und Produktionsmethoden einbezieht, sich diese Einschränkung für die in Satz 2 aufgezählten Maßnahmen (u.a. Verpackung und Kennzeichnung) dagegen nicht wiederfindet. Dies lässt sich als ein Argument dafür anführen, dass rein verfahrensbezogene Handelsbeschränkungen, die nicht an Eigenschaften des Endprodukts anknüpfen, nur dann als „technische Vorschriften" anzusehen sind, wenn sie zu den in Satz 2 aufgezählten Maßnahmen gehören.[66] Nachhaltigkeitskriterien zur Einschränkung von Steueranreizen etc., wie sie die

---

62 Ähnlich *Brühwiler/Hauser* (Fn. 25), 27.

63 Vgl. *Van den Bossche/Schrijver/Faber* (Fn. 8), 143 ff.

64 *Marceau/Trachtman*, The Technical Barriers to Trade Agreement, the Sanitary and Phytosanitary Measures Agreement, and the General Agreement on Tariffs and Trade, JWT 2002, 811, 861.

65 „Technical regulation. Document which lays down product characteristics *or their related processes and production methods*, including the applicable administrative provisions, with which compliance is mandatory. It may also include or deal exclusively with terminology, symbols, packaging, marking or labelling requirements *as they apply to a product, process or production method*" (Hervorhebungen vom Verfasser). Die Definition eines *standard* i.S.d. TBT-Übereinkommens unterscheidet sich im Übrigen zwar hinsichtlich der Freiwilligkeit der Befolgung, ist aber im Hinblick auf die Unterschiede zwischen Satz 1 und Satz 2 der Definition von *technical regulation* vergleichbar.

66 Hierzu neigen auch *Van den Bossche/Schrijver/Faber* (Fn. 8), 145. Offen gelassen letztlich von *Marceau/Trachtman*, (Fn. 64), 861 f.

Erneuerbare-Energien-RL enthält, zählen nicht dazu. Ohne die umstrittene Frage des Anwendungsbereiches des TBT-Übereinkommens im Rahmen dieses Beitrages erschöpfend beantworten zu können, spricht dies dafür, dass die Nachhaltigkeitskriterien der Erneuerbare-Energien-RL nicht erfasst sind.

Wäre entgegen der hier vertretenen Auffassung neben dem GATT das TBT-Übereinkommen auf die EU-Nachhaltigkeitskriterien anwendbar, wären insbesondere die beiden in Art. 2.1 und Art. 2.2 TBT-Übereinkommen enthaltenen Hauptanforderungen zu erfüllen: Art. 2.1 TBT-Übereinkommen enthält, im Ausgangspunkt ähnlich wie Art. III GATT, ein Verbot, importierte *like products* schlechter zu behandeln. Dass es im TBT-Übereinkommen kein Pendant zur allgemeinen Rechtfertigungsklausel des Art. XX GATT gibt, ließe sich als Argument dafür verwenden, das Verbot der Schlechterbehandlung von *like products* bei Art. 2.1 TBT-Übereinkommen enger auszulegen als im Rahmen von Art. III GATT.[67] Oben wurde festgestellt, dass die EU-Nachhaltigkeitskriterien nicht gegen Art. III GATT verstoßen. Daraus lässt sich *a fortiori* folgern, dass Art. 2.1 TBT-Übereinkommen nicht verletzt ist.

Nach Art. 2.2 TBT-Übereinkommen dürfen technische Vorschriften nicht über das zur Erreichung eines legitimen Zieles hinaus notwendige Maß hinausgehen. Anders als der Umweltschutz sind der Schutz der öffentlichen Moral oder ein vergleichbarer Schutzzweck, unter den sich die sozioökonomischen Belange der EU-Nachhaltigkeitskriterien subsumieren ließen, zwar nicht explizit als legitimes Ziel aufgeführt. Da die Aufzählung nicht enumerativ ist und das WTO-Recht den Schutz der öffentlichen Moral nicht zuletzt durch die ausdrückliche Erwähnung in Art. XX (a) GATT anerkennt, spricht jedoch vieles dafür, dass sich die EU-Nachhaltigkeitskriterien auch mit Art. 2.2 TBT-Übereinkommen in Einklang bringen lassen. Selbst wenn man trotz der o.a. Begriffsbestimmung der *technical regulation* das TBT-Übereinkommen auf die EU-Nachhaltigkeitskriterien anwenden möchte, dürfte dieses daher den TBT-Anforderungen genügen.

IV. Handlungsspielräume nach dem Subventions- und dem Landwirtschaftsübereinkommen

Da die Nachhaltigkeitskriterien der Erneuerbare-Energien-RL in Deutschland gegenwärtig auch Voraussetzung für die Gewährung von Steuervorteilen sind, können außerdem das Übereinkommen über Subventionen und Ausgleichsmaßnahmen (SCM) und das Landwirtschaftsübereinkommen (AoA) einschlägig sein.

Für diejenigen Biokraftstoffe, die wie Pflanzenöle unter das Landwirtschaftsübereinkommen fallen, sind die agrarspezifischen Subventionsvorschriften

67 In diesem Sinne etwa *Marceau/Trachtman* (Fn. 64), 822.

des AoA zu beachten.[68] Dementsprechend gelten die finanziellen Obergrenzen für *Amber-Box*-Subventionen, sofern keine der Ausnahmeregeln greift, insbesondere die Privilegien für Umweltprogramme nach Annex 2 Abs. 12 AoA.

Darüber hinaus[69] gelten die allgemeinen subventionsrechtlichen Vorschriften des SCM. Äußerungen im Schrifttum bestätigen, dass die SCM-Vorschriften über die Anfechtbarkeit von Subventionen im Grundsatz auch auf Steuererleichterungen bei Biokraftstoffen anwendbar sind. Jedoch wird auf mehrere Hindernisse hingewiesen, die einer Rüge letztlich entgegenstehen könnten: Erstens sei zumindest theoretisch möglich, statt der Ausnahmen von bestehenden Steuerpflichten ein gänzlich neues System zu kreieren, sodass die Steuerbefreiung nicht mehr i.S.v. Art. 1.1 SCM „andernfalls geschuldet" sei und keine Subvention i. S. d. SCM mehr vorliege.[70] Da außerdem eine Vielzahl nicht nur von Produzenten, sondern auch von Endverbrauchern durch die Steuererleichterungen für Biokraftstoffe begünstigt werde, sei es auch sehr schwierig, die „Spezifität" festzustellen, die nach Art. 1.2 SCM Voraussetzung für eine Rüge ist.[71] Über diese in der Literatur geäußerten Zweifel hinaus ist darauf hinzuweisen, dass die „schädliche Wirkung", die nach Art. 5 SCM für einen erfolgreichen Angriff einer Subvention erforderlich ist, bei den Steuererleichterungen im vorliegenden Fall gerade auf die Verknüpfung mit den Nachhaltigkeitskriterien zurückzuführen sein müsste, was ebenfalls größte Nachweisschwierigkeiten bereiten dürfte.

Besonders zu berücksichtigen ist das Verbot von Importsubstitutionsbeihilfen nach Art. 3.1 (b) SCM, weil hierfür die Spezifität vom SCM unterstellt wird. Das Verbot von Importsubstitutionsbeihilfen ähnelt dem oben untersuchten Art. III GATT, indem solche Subventionen verboten werden, die auf der Bevorzugung heimischer Produkte gegenüber Importwaren basieren. Insofern lässt sich festhalten, dass die Vorschriften des SCM insgesamt den Handlungsspielraum für die Erneuerbare-Energien-RL nicht signifikant weiter einschränken als das GATT. Dies ist auch deshalb bedeutsam, weil das SCM keine Art. XX GATT vergleichbare Ausnahmeklausel enthält.[72]

---

68 Vgl. zur zollrechtlichen Kategorisierung von Biokraftstoffen und den subventionsrechtlichen Folgen *International Policy Council* (Fn. 15).

69 Soweit das AoA spezielle Regelungen enthält, sind diese gegenüber dem SCM vorrangig, vgl. Art. 21 AoA. Dies ist v. a. für die im Rahmen dieses Beitrages nicht weiter relevanten Exportsubventionen von Bedeutung. Vgl. hierzu *Franken*, Ausfuhrsubventionen nach dem Landwirtschaftsübereinkommen, in: Ehlers/Wolffgang/Schröder, Subventionen im WTO- und EG-Recht, 2006, 53, 56.

70 *Van den Bossche/Schrijver/Faber* (Fn. 8), 158, Fn. 465; *Brühwiler/Hauser* (Fn. 25), 22.

71 *Van den Bossche/Schrijver/Faber* (Fn. 8), 163, Fn. 476; *Brühwiler/Hauser* (Fn. 25), 22.

72 Vgl. zu der Diskussion, ob Art. XX GATT auch zur Rechtfertigung von Verstößen gegen das SCM herangezogen werden kann, *Charnovitz/Earley/Howse* (Fn. 46), 27; *Condon*, Climate Change and Unresolved Issues in WTO Law, http://ssrn.com/abstract=1417422, 13.

D. Zusammenfassung und Ausblick

Resümierend ist festzustellen, dass sich die Kernelemente der Nachhaltigkeitskriterien der Erneuerbare-Energien-RL in das komplexe Gefüge der WTO-Vorgaben einfügen lassen. Es sprechen gute Argumente dafür, dass in einem etwaigen Streitbeilegungsverfahren bereits kein WTO-Verstoß oder zumindest eine Rechtfertigung nach Art. XX GATT angenommen würde.

Dabei ist allerdings zu berücksichtigen, dass die Spruchpraxis von Panels und Appellate Body zu verschiedenen grundlegenden Fragen unvollständig ist. Ferner ist zu betonen, dass die zahlreichen unbestimmten Rechtsbegriffe, deren Flexibilität die WTO-Konformität erleichtert, von der Kommission und den EU-Mitgliedstaaten in einer WTO-konformen, auch faktisch nicht diskriminierenden Weise konkretisiert und angewandt werden müssen.

Ein wichtiger Aspekt wird auch sein, inwieweit sich die EU-Nachhaltigkeitskriterien mittelfristig auf die energetische Nutzung von Biomasse beschränken oder sich auch auf andere Nutzungsformen wie etwa den Lebensmittelsektor erstrecken. Bestimmte Kriterien könnten auch auf die Produktion von Industriegütern angewandt werden. Dies ist nicht nur von rechtlicher Relevanz, wie im Zusammenhang mit Art. XX GATT aufgezeigt wurde. Vielmehr handelt es sich auch um eine Frage politischer Kohärenz.

Diskussion

Zusammenfassung:
Dennis Wölte,
Doktorand am Institut für öffentliches Wirtschaftsrecht,
Universität Münster

Zum Vortrag von Frau *Kaech* zu den Rechtsfragen der Ostseepipeline kam aus dem Auditorium zunächst die Frage auf, ob auch Polen im sog. Espoo-Prozess beteiligt worden ist, da es dort im Vorfeld des Baus der Pipeline zu Irritationen gekommen sei. Dies wurde von der Referentin bejaht, wenngleich sie anmerkte, dass die Pipeline nicht durch das Hoheitsgebiet Polens führe. Herr Dr. *Kachel* lenkte die Diskussion auf den Gesichtspunkt, dass im Rahmen des Pipeline-Projekts von einem völkerrechtlichen Vertrag abgesehen worden sei, aber dennoch gemeinsame Abstimmungen zwischen den betroffenen Staaten notwendig waren. Er bat Frau *Kaech* um eine Einschätzung, ob sich der Espoo-Prozess in dem aufgrund der Beteiligung mehrerer Staaten entstandenen Präzedenzfall bewährt habe. Diese äußerte, dass sich die Nord Stream AG aus zeitlichen Gründen gegen die Initiierung eines Staatsvertrags entschieden habe. Man sei davon ausgegangen, dass derartige Verhandlungen vermutlich nicht einfach zu führen gewesen wären. Daher habe man den Weg beschritten, in jedem betroffenen Staat die jeweils erforderlichen Genehmigungen einzuholen. Für den Espoo-Prozess hätte sie sich insgesamt mehr „guidelines“ gewünscht. Fraglich sei allerdings, ob dies zu wesentlichen Vereinfachungen dieses komplexen Verfahrens geführt hätte.

Die Ausführungen von Herrn Dr. *Franken* zu den Nachhaltigkeitsstandards, die durch die Erneuerbare-Energien-Richtlinie (RL 2009/28/EG) aufgestellt werden, und ihre Vereinbarkeit mit dem WTO-Recht trafen hinsichtlich der Vereinbarkeit mit dem GATT (insbesondere dessen Art. III sowie XX) auf breite Zustimmung der Diskussionsteilnehmer. Teilweise wurde die vom Referenten vertretene Nichtanwendbarkeit des TBT (Technical Barriers to Trade) – Übereinkommens über technische Handelshemmnisse kritisch gesehen. So wies Herr Prof. Dr. *Herrmann* darauf hin, dass etwa Beimischungspflichten Hemmnisse seien, die den Anwendungsbereich des TBT-Übereinkommens eröffneten. Ergänzend fügte Herr Dr. *Pitschas* an, dass unter „technical regulations“ im Sinne des TBT-Agreements auch Produktionsmethoden erfasst würden. Der springende Punkt sei seiner Auffassung nach, dass mit der Erneuerbare-Energien-Richtlinie ein Markt geschaffen werde, der sich über die Nachhaltigkeitskriterien regulieren ließe. Herr *Schloemann* wies auf die Bestimmung des Art. III:8 GATT als Argument für die Anwendbarkeit des TBT-Agreements hin. Herr Dr. *Franken* wies auf die Rechtsprechung hin, wonach durch diese Vorschrift nur solche Subventionen ausgenommen seien, die der Staat aktiv ausschüttet. Hier gehe es aber um Steuererleichterungen. Die Diskussion ging dann der Frage nach, wie sich denn eine Anwendbarkeit des TBT-Übereinkommens auswirke respektive wie die technischen Handelshemmnisse in diesem Fall zu rechtfertigen seien. Einvernehmen bestand darüber, dass die Ausnahmeregelungen des Art. XX GATT jedenfalls nicht übertragen werden können. Die Lösung wurde darin gesehen, die hinter den Ausnahmeregelungen von Art. XX GATT stehenden Ziele, sofern sie mit den Zielsetzungen der Richtlinie übereinstimmen, in die Tatbestandsmerkmale des TBT-Übereinkommens hineinzulesen.

Herr Prof. Dr. *Ehlers* fragte nach, welche Rechtsfolgen der Verstoß gegen sozioökonomische Nachhaltigkeitskriterien der Richtlinie habe. Darunter sind beispielsweise schlechte Arbeitsbedingungen in Anbaugebieten von Rohstoffen erneuerbarer Energien zu verstehen. Die Erfüllung der sozioökonomischen Kriterien ist nach der Richtlinie von der Kommission zu beobachten und in einem Bericht festzuhalten. Nach Herrn Dr. *Franken* zieht zwar der von der Kommission erstellte Bericht selbst unmittelbar keine Rechtsfolgen nach sich, die Wirtschaftsteilnehmer ihrerseits werden jedoch einer Berichtspflicht unterzogen.

Abschließend fragte Herr Dr. *Schröder*, ob die Biostromnachhaltigkeits-Verordnung eine Umsetzung der Erneuerbare-Energie-Richtlinie darstelle und inwieweit sie über die Richtlinie hinausgehe. Diesbezüglich konnte Herr *Klein* (Bundesverband der deutschen Bioethanolwirtschaft e.V.) abhelfen. Die Verordnung gehe über die Richtlinie hinaus, da sie auch Ausfluss des Stromeinspeisegesetzes sei und aus diesem Grunde spezifische Regelungen zur Umsetzung dieses deutschen Gesetzes enthalte. Er verwies zudem darauf, dass der Begriff „Biomasse“ in der nationalen Verordnung einerseits und in der gemeinschaftsrechtlichen Richtlinie andererseits nicht inhaltsgleich zu verstehen sei. Abschließend wies Herr Dr. *Franken* auf den bemerkenswerten Umstand hin, dass sich in der Begründung zur deutschen Verordnung Feststellungen zur WTO-Konformität finden.

Ökonomische Instrumente zwischen Kyoto und Kopenhagen – Quo vadis Klimaschutz?

Benjamin Görlach, M. Sc.,
Ecologic Institut Berlin

Ökonomische Instrumente sind seit etlichen Jahren als Instrument der Umweltpolitik etabliert. Mit der gestiegenen Aufmerksamkeit für Klima- und Umweltthemen seit der Jahrtausendwende haben auch ökonomische Instrumente einen deutlichen Bedeutungszuwachs erfahren.

In der Theorie versprechen ökonomische Instrumente einen effizienten Klimaschutz: indem sie die Kräfte des Marktes für den Klimaschutz nutzbar machen, sollen sie gegebene Klimaziele zu geringstmöglichen Kosten erreichen. Dies kann auf verschiedene Art geschehen: Zum einen durch preisbasierte Instrumente wie Umweltsteuern, die dazu beitragen, Energieverbrauch und den Ausstoß von Treibhausgasen gezielt zu verteuern. Solche Instrumente sind in vielen OECD-Staaten gang und gäbe. Zum anderen können mengenbasierte Instrumente zum Einsatz kommen, die die Gesamtmenge an Treibhausgasemissionen begrenzen und Emissionsrechte ausgeben, die zwischen den teilnehmenden Unternehmen gehandelt werden können. Das größte und bekannteste dieser Systeme ist das EU-Emissionshandelssystem, das seit 2005 besteht. Indem vergleichbare Systeme auch in anderen Industriestaaten entwickelt werden, ergibt sich die Möglichkeit diese zu einem „globalen Kohlenstoffmarkt" zu verbinden.

Allen ökonomischen Klimaschutzinstrumenten gemein ist, dass sie einen Preis für CO_2–Emissionen schaffen, entweder direkt durch Preissteuerung oder indirekt durch Mengensteuerung. Auf diese Weise begegnen ökonomische Instrumente dem Marktversagen, dass dem Klimawandel aus ökonomischer Sicht zu Grunde liegt: dies hat seine Ursache darin, dass die Marktpreise nicht die vollen, sozialen Kosten widerspiegeln, die mit der Herstellung und Nutzung von Gütern und Dienstleistungen verbunden sind: so enthält der Preis für eine Tonne Kohle nicht die Folgekosten, die aus ihrer Verbrennung entstehen. Folglich werden diese Kosten in den Entscheidungen wirtschaftlicher Akteure nicht angemessen berücksichtigt; es fehlt an wirtschaftlichen Anreizen, Emissionen zu mindern. Indem ökonomische Instrumente diese Anreize korrigieren, helfen sie, Emissionen dort zu vermeiden wo dies am günstigsten möglich ist. Auf diese Weise wird gleichzeitig sichergestellt, dass die Emissionsminderung insgesamt zu den geringsten gesellschaftlichen Kosten erreicht wird.

Ökonomische Instrumente sind zwar nur ein Typ von umweltpolitischen Instrumenten; daneben haben auch ordnungsrechtliche Maßnahmen oder „weiche“ Maßnahmen wie Informations- oder Bildungsmaßnahmen ihren Platz in einem Instrumentenmix. Ökonomische Instrumente sollten dabei sinnvollerweise das Rückgrat einer ökonomisch effizienten Klimaschutzpolitik sein, da sie relative Preise im Sinne einer klimaverträglichen Entwicklung verändern. Preise sind in einer Marktwirtschaft der zentrale Steuerungsmechanismus, die die Richtung wirtschaftlicher Entwicklung steuern und die Allokation von Ressourcen bestimmen. Eine Klimaschutzpolitik, die gegen die Signale und die Dynamik des Marktes arbeitet, wäre auf Dauer zum Scheitern verurteilt. Ökonomische Instrumente dagegen korrigieren die Preise im Sinne der Klimapolitik, und geben so der wirtschaftlichen Dynamik eine neue Richtung.

Eine weitere, wesentliche Eigenschaft von ökonomischen Instrumenten ist, dass sie Aufkommen erzeugen – sei es als Steueraufkommen, oder als Erlös aus dem Verkauf von Emissionsberechtigungen – das z.B. eingesetzt werden kann, um weitere Minderungsmaßnahmen zu unterstützen.

A. Das Ziel: Transformation zu einer kohlenstoffarmen Wirtschaft

Um den bereits absehbaren Klimawandel in beherrschbaren Grenzen zu halten und die schlimmsten Auswirkungen zu vermeiden, haben die G20 sich das Ziel gesetzt, die weltweiten Treibhausgasemissionen bis Mitte des 21. Jahrhunderts zu halbieren. Den Industrieländern, die für den überwiegenden Teil der historischen Treibhausgasemissionen verantwortlich sind, kommt hierbei besondere Verantwortung zu: im selben Zeitraum gilt es, die CO_2-Emissionen der Industrieländer um mindestens 80% gegenüber 1990 zu verringern. Um dieses ambitionierte Ziel zu erreichen, wäre es notwendig, die Energiesysteme in allen Industrieländern innerhalb einer Generation von fossilen Brennstoffen auf Erneuerbare Energien umzustellen, und gleichzeitig die Energieeffizienz radikal zu steigern. Eine solche Transformation zu einer kohlenstoffarmen Wirtschaft („low-carbon economy“) erfordert faktisch nicht weniger als eine dritte industrielle Revolution.[1]

Es gehört zum Wesen eines solchen Transformationsprozesses, dass er nicht planbar ist: Welche sozialen und technischen Innovationen nötig sein werden, lässt sich a priori nicht sagen; es lässt sich allenfalls mutmaßen, welche

1 *Jänicke/Jacob*, Eine Dritte Industrielle Revolution? 2008.

Branchen besonders gefordert sein werden und welche Techniken eine Rolle spielen werden. Daher wäre der Gesetzgeber überfordert, falls er den Wandel durch Gebote und Verbote einzelner Technologien herbeiführen sollte – der Staat kann lediglich die Rahmenbedingungen setzen, und dadurch die Richtung der sozio-ökonomischen Entwicklung beeinflussen.

Um diese Transformation ohne massive Wohlstandseinbußen zu bewerkstelligen, wird es nötig sein die Dynamik wirtschaftlicher Märkte zu nutzen. Zum einen liefert der Marktmechanismus als Entdeckungsverfahren ein sehr wirksames Instrument, um die technische Entwicklung voranzubringen, Anreize für Innovationen zu schaffen und sinnvolle Innovationen zu belohnen. Zum anderen können Märkte dazu dienen, begrenzte Umweltressourcen innerhalb vorgegebener Grenzen effizient zu nutzen. Ökonomische Instrumente nutzen dies, indem sie die Dynamik des Marktes in die gewünschte Richtung lenken. Dazu beeinflussen ökonomische Instrumente die zentrale Stellgröße eines Marktes – die Preise.

B. Ökonomische Instrumente in der Theorie

Mit dem wachsenden materiellen Wohlstand, den die Marktwirtschaft hervorgebracht hat, wurden auch in zunehmendem Maße deren Kosten sichtbar: vor allem die Überbeanspruchung der Umwelt, in der wir leben und aus der wir unseren Wohlstand ziehen. Werden die natürlichen Grundlagen des Wirtschaftens nicht bewahrt, so droht eine dauerhafte Beeinträchtigung der Lebensgrundlagen und der Wohlfahrt künftiger Generationen.

Bereits 1912 hatte der britische Ökonom A. C. Pigou festgestellt, dass es Situationen gibt, in denen der Markt systematisch versagt, eine effiziente Nutzung knapper Ressourcen herbei zu führen.[2] Grund für dieses Marktversagen ist, dass die Nutzer mancher Ressourcen – wie der begrenzten Aufnahmefähigkeit der Atmosphäre für Treibhausgase – nicht die vollen gesellschaftlichen Kosten ihrer Aktivitäten zu tragen hätten. In der Folge geben die Marktpreise nicht die tatsächlichen Kosten einschließlich der Folgekosten für kommende Generationen wieder.

Durch diese sog. ‚externen Kosten' entsteht eine Diskrepanz zwischen dem privatwirtschaftlichen Kosten-Nutzen-Kalkül, von dem sich der einzelne Akteur in seinen Investitions- und Konsumentscheidungen leiten lässt, und den gesamtwirtschaftlichen Kosten und Nutzen dieses Verhaltens, zu denen auch die Folgekosten in Form von Umweltschäden und Übernutzung natürlicher Ressourcen zählen. In der Folge ist nicht mehr gewährleistet, dass der Marktmechanismus – der die Summe der einzelnen Entscheidungen abbildet – zu

2 *Pigou*, Wealth and Welfare, 1912.

einem Ergebnis führt, das auch aus gesamtgesellschaftlicher Sicht optimal ist. Im Fall von Umweltschäden versagt der Markt also in seiner zentralen Lenkungs- und Allokationsfunktion: mit dieser Begründung bezeichnete der britische Ökonom den Klimawandel als „das größte Marktversagen, das die Welt gesehen hat".[3]

Um diese Fehlfunktion zu korrigieren, gilt es, die zentrale Stellgröße der Märkte – die Preise – so zu korrigieren, dass sie die Umweltkosten des Handels beinhalten. In den Worten Ernst Ulrich von Weizsäckers: „Die Preise müssen die ökologische Wahrheit sagen". Indem die externen Kosten dem Verursacher angelastet werden, beziehen Akteure diese in ihr Entscheidungskalkül ein. So sollen Investoren und Konsumenten Anreize zu umweltverträglichem und effizienten Verhalten geben, wodurch letztlich die gesellschaftliche Wohlfahrt insgesamt steigt.[4]

Dies ist die grundlegende Interventionslogik ökonomischer Instrumente in der Umweltpolitik: durch gezielte Eingriffe verändern sie die relativen Preise der Umweltnutzung und anderer Güter, und schaffen so einen wirtschaftlichen Anreiz für eine effizientere Nutzung von Umwelt und Ressourcen. Im Gegensatz etwa zu ordnungsrechtlichen Maßnahmen erzwingen ökonomische Instrumente jedoch kein bestimmtes Verhalten, sondern überlassen es dem einzelnen Akteur, wie er auf das Preissignal reagiert. Dem einzelnen Akteur steht es also frei, seine Emissionen zu verringern und auf diese Weise die Kostenbelastung ganz oder teilweise zu umgehen, oder sein Verhalten nicht zu ändern – und dafür einen höheren Preis zu zahlen. Ökonomische Instrumente kombinieren so Flexibilität für den Einzelnen mit größtmöglicher Effizienz für das Instrument insgesamt: Sofern alle Akteure über ihre Minderungspotenziale und –kosten ausreichend informiert sind und sich rational verhalten, versprechen ökonomische Instrumente ein gegebenes Umweltziel zu den geringsten Kosten zu erreichen.

Indem sie die Entscheidung dem einzelnen Akteur überlassen, umgehen sie gleichzeitig das Problem der Informationsasymmetrie: in der Regel wissen einzelne Akteure wesentlich besser als der Regelungsgeber, über welche Minderungspotenziale sie verfügen und zu welchen Kosten diese zu erschließen sind. Will der Regelungsgeber auf ordnungsrechtlichem Weg bestimmte Emissionsminderungen oder die Verwendung bestimmter Techniken vorschreiben, muss er sich selbst detailliertes Wissen über die Minderungspotenziale und Kosten aneignen, oder riskiert andernfalls ein ineffizientes Ergebnis, in dem Emissionsminderungen an manchen Stellen zu erheblich höheren Kosten erfolgen als an anderen. Setzt der Staat lediglich die Regeln,

3 *Stern*, Stern Review on the economics of climate change, 2006.

4 *Görlach, Meyer-Ohlendorf und Kohlhaas*, Nachhaltig aus der Krise – Der Beitrag der ökologischen Finanzreform, 2009.

liegt es im Interesse der einzelnen Akteure die wirtschaftlichsten Minderungspotenziale zuerst zu erschließen, ohne dass der Regelungsgeber vorher wissen muss, an welchen Stellen diese bestehen.

Neben der Lenkungswirkung ökonomischer Instrumente ist auch deren Finanzierungswirkung hervorzuheben. Indem sie einen Preis für die Nutzung der Umwelt etablieren, erzeugen ökonomische Instrumente Einnahmen für den Staat – in Form des Steueraufkommens aus Umweltsteuern, oder als Erlös aus dem Verkauf von Emissionsrechten. Die Verwendung dieses Aufkommens kann ggf. weitere ökologische, soziale oder wirtschaftliche Vorteile bringen.

C. Preis- oder Mengensteuerung?

Ökonomischen Instrumenten lassen sich grundsätzlich in preis- und mengensteuernde Instrumente unterscheiden.

- Zu den preissteuernden Instrumenten zählen insbesondere Steuern und Abgaben auf den Umweltverbrauch, sowie Subventionen – verstanden einerseits als die Förderung umweltschonenden Verhaltens, und andererseits der Abbau von Subventionen, die umweltschädigendes Verhalten fördern. Steuern und Abgaben können an verschiedenen Punkten ansetzen: sie können einerseits die Umweltbelastung selbst verteuern (bspw. CO_2-Emissionen), oder Inputs, die mittelbar zu einer Umweltbelastung führen (bspw. Verbrauch fossiler Brennstoffe), oder auch die Geräte und Anlagen, die eine Umweltbelastung verursachen (bspw. CO_2-gestaffelte KfZ-Steuern).
- Die klassische Form eines mengensteuernden Instruments ist der Handel mit Emissionsberechtigungen. Dabei bestimmt der Gesetzgeber eine Obergrenze der Umweltbelastungen in einem bestimmten Bereich, verteilt Emissionsberechtigungen, die in der Summe dieser Obergrenze entsprechen, und ermöglicht einen Handel dieser Berechtigungen. Ein Preissignal entsteht in diesem Fall durch den Preis der Emissionsberechtigungen, der sich am Markt herausbildet und die Knappheit der Berechtigungen wiedergibt.

Welches der beiden Instrumente im Einzelfall besser geeignet ist, hängt von vielfältigen Faktoren ab. Die Wirkungsweise beider Instrumente besteht darin, durch eine Veränderung der relativen Preise Anreize für umweltverträgliches Verhalten zu schaffen. Der wesentliche Unterschied zwischen beiden Instrumenten liegt darin, dass bei preissteuernden Instrumenten die Wirkung auf die Preise sicher ist – die Preise ändern sich in Höhe der beschlossenen Steuersätze. Die ökologische Wirksamkeit ist jedoch unsicher, da im Vorhinein nicht bekannt ist, wie Akteure auf die Steuer reagieren. Bei mengensteuernden Instrumenten verhält es sich umgekehrt: die ökologische Wirkung ist sicher, da die Emissionen die festgelegte Obergrenze nicht überschreiten können; dagegen ist der Preis unsicher, da er sich nach Angebot und Nachfrage am Markt für Emissionsberechtigungen bildet.

Dieser Unterschied hat in der Praxis verschiedene Auswirkungen:

- Als Vorteil von preissteuernden Instrumenten wird häufig die Planungs- und Investitionssicherheit von Unternehmen angeführt. Steuern und Abgaben schaffen ein langfristiges Preissignal. Damit ermöglichen sie es den Akteuren, stabile Erwartungen über den künftigen Preis von Emissionen zu entwickeln, und ihre Entscheidungen daran auszurichten. An mengensteuernden Instrumenten wie dem Emissionshandel wird dagegen kritisiert, dass Veränderungen bei Angebot und Nachfrage nach Emissionsberechtigungen zu Preisschwankungen führen. Als Folge dieser Volatilität könnten sich Akteure keine Erwartungen über die künftige Preishöhe bilden.
- Ein wesentlicher Vorteil von mengensteuernden Instrumenten liegt dagegen in ihrer garantierten ökologischen Wirksamkeit. So wird das zuvor festgelegte Emissionsniveau auf jeden Fall erreicht; Unsicherheit besteht nur bei den Kosten, zu denen dies geschieht. Dagegen zeigt sich bei preissteuernden Instrumenten erst in der Praxis, in welchem Umfang die Emissionen tatsächlich gemindert werden. Hätte der Regelungsgeber perfekte Informationen über das Nachfrageverhalten aller Emittenten, könnte er ein langfristig effizientes Steuerniveau bestimmen, mit dem ein bestimmtes Umweltziel erreicht würde. Da der Regelungsgeber jedoch nicht über diese Informationen verfügt, wird die Höhe von Steuern und Abgaben in der Praxis oft nachgebessert, bis die gewünschte Wirkung erreicht ist. Diese Anpassungen verringern allerdings wiederum die Planungssicherheit.

Ein entscheidender Vorteil von Steuern gegenüber dem Emissionshandel sind dagegen die vergleichsweise niedrigen Transaktionskosten. Zumal das Modell des sog. *downstream*-Emissionshandels, wie er im EU-Emissionshandel für Treibhausgase umgesetzt ist, für die teilnehmenden Unternehmen und die zuständigen Behörden mit nicht unerheblichem Aufwand verbunden ist, etwa durch die Beantragung und Zuteilung von Emissionsberechtigungen, die (extern verifizierte) Messung von Emissionsmengen und die regelmäßige Berichterstattung darüber. Um sicherzustellen, dass der damit verbundene Verwaltungsaufwand in einem angemessenen Verhältnis zum erwarteten Effizienzgewinn steht, wurde der Anwendungsbereich des EU-Emissionshandels daher auf die Bereiche beschränkt, die von wenigen, großen Einzelemittenten geprägt sind. Für Bereiche wie Verkehr, Landwirtschaft oder private Haushalte, die sich durch eine große Zahl von relativ kleinen Emittenten auszeichnen, sind dagegen Steuern deutlich effizienter. Der administrative Aufwand für einen *downstream*-Emissionshandel würde hier zu prohibitiven Kosten führen.

D. Umwelt- und Energiesteuern

Steuern auf den Energie- und Umweltverbrauch sind in allen EU-Staaten seit längerem etabliert. So gibt es seit 1993 europaweit vereinbarte Mindeststeuersätze für Mineralöle (Heizöl und Kraftstoffe); 2003 wurde schließlich nach über elfjährigen Verhandlungen die Europäische Energiesteuerrichtlinie beschlossen, die Mindeststeuersätze für alle wichtigen Energieträger – einschließlich Strom, Erdgas und Kohle – vorschreibt.[5] Ihrem Ursprung nach sind die bestehenden Energiesteuern – wie etwa die deutsche Mineralölsteuer – häufig zwar nicht umweltpolitisch motiviert, erfüllen jedoch dennoch denselben Zweck wie Umweltsteuern.

Als Instrument des Klimaschutzes sind Steuern dann am effizientesten, wenn sie sich unmittelbar auf die Klimawirkung beziehen, d.h. wenn sie sich an den CO_2-Emissonen bzw. am Kohlenstoffgehalt der verbrauchten Brenn- und Treibstoffe bemessen. Alternativ stellen Steuern jedoch auch häufig auf Energieverbrauch insgesamt ab, so werden bspw. in vielen EU-Staaten Steuern auf den Stromverbrauch erhoben.

EU-weit ist festzustellen, dass der Anteil von Energie- und Umweltsteuern am gesamten Steueraufkommen nur einen kleinen Teil ausmacht. Deutschland nimmt in dieser Hinsicht – entgegen gelegentlich geäußerten Befürchtungen – keineswegs eine Vorreiterrolle ein, sondern findet sich im hinteren Mittelfeld. So entfielen im Jahr 2007 in Deutschland 5,7% der Steuereinnahmen (inkl. Sozialabgaben) auf Umweltabgaben – das entspricht 2,2% des Bruttoninlandsprodukts. Damit liegt Deutschland noch unter dem Durchschnitt der EU-27, der (im arithmetischen Mittel) 2,7% des BIP ausmacht. An der Spitze der EU-Länder findet sich Dänemark mit 5,9% des Bruttoinlandsprodukts, gefolgt von den Niederlanden mit 3,9%. Eine Reihe anderer Länder weist Werte um oder über 3% auf, darunter Belgien mit 3,4% und Slowenien mit 3,0%.[6]

Europaweit zeichnet sich, was den Anteil von Energie- und Umweltsteuern am Bruttoinlandsprodukt angeht, seit den 1990er Jahren insgesamt ein leicht

5 Richtlinie 2003/96/EG des Rates vom 27. Oktober 2003 zur Restrukturierung der gemeinschaftlichen Rahmenvorschriften zur Besteuerung von Energieerzeugnissen und elektrischem Strom.

6 *Eurostat*: Taxation trends in the European Union, 2009.

rückläufiger Trend ab. Ein wesentlicher Grund hierfür ist, dass seither kaum neue Energie- und Umweltsteuern eingeführt bzw. bestehende Steuern erhöht wurden. Da die Steuersätze für vorhandene Steuern in der Regel nominell fixiert sind, d.h. kein Inflationsausgleich erfolgt, geht die reale Belastung aus diesen Steuern zurück.

Aktuell prüfen verschiedene EU-Länder die Einführung neuer Steuern auf den Energieverbrauch bzw. den CO_2-Ausstoß, darunter Irland und Frankreich. Die französische „taxe carbonne", die ursprünglich zum 1. Januar 2010 in Kraft treten sollte, wurde jedoch vom Verfassungsrat für nicht verfassungsgemäß befunden. Ferner hatte die schwedische EU-Ratspräsidentschaft im zweiten Halbjahr 2009 sich unter anderem das Ziel gesetzt, die Diskussion über eine EU-weite Steuer auf den Ressourcenverbrauch voranzubringen. Dieser Initiative waren jedoch keine konkreten Erfolge beschieden. Aktuell werden innerhalb der EU-Kommission Vorschläge diskutiert, die bestehende Energiesteuerrichtlinie umzuwandeln zu einer EU-weiten CO_2-Steuer für diejenigen Emittenten, die nicht unter den Emissionshandel fallen. Da die EU in Steuerfragen jedoch nur einstimmige Beschlüsse fassen kann, sind die Erfolgsaussichten dieser Initiative allerdings zweifelhaft.

Insgesamt lässt sich festhalten, dass die gewachsene Bedeutung des Klimaschutzes und die anspruchsvollen europäischen Ziele in diesem Bereich sich bislang nicht in der Besteuerung von fossilen Brennstoffen niederschlagen. Auch im Hinblick auf das fiskalpolitische Ziel, einen größeren Teil der Steuerlast vom Faktor Arbeit auf den Energie- und Ressourcenverbrauch zu verlagern, sind in den vergangenen Jahren keine nennenswerten Fortschritte zu berichten.[7]

E. Emissionshandel

Seit dem 1. Januar 2005 schafft die EU-Emissionshandelsrichtlinie den Regulierungsrahmen für die Emissionen von zunächst rund 1.800 stationären Quellen in Deutschland.[8] Der Emissionshandel gilt verpflichtend für eine Reihe von Anlagentypen und Branchen („Tätigkeiten" gemäß der EU-Emissionshandelsrichtlinie), darunter Kraftwerke und bestimmte energieintensive Industrieanlagen wie Stahlwerke und Zementfabriken. In Deutschland erfasst der Emissionshandel etwa die Hälfte aller Treibhausgasemissionen.

Für Emissionen aus diesen Quellen wurde mit dem Emissionshandel erstmalig eine verbindliche Obergrenze („Cap") für Kohlendioxidemissionen ein-

7 *Eurostat*, a.a.O., sowie *Görlach, Meyer-Ohlendorf* und *Kohlhaas*, a.a.O.

8 Richtlinie 2003/87/EG des Europäischen Parlaments und des Rates vom 13. Oktober 2003 über ein System für den Handel mit Treibhausgasemissionszertifikaten in der Gemeinschaft.

geführt. Entsprechend dieser Obergrenze werden Emissionsberechtigungen an die beteiligten Anlagenbetreiber verteilt. Teilnehmende Firmen müssen jährlich Emissionsberechtigungen in Höhe ihrer tatsächlichen Emissionen an die zuständige Behörde abführen. Sollte ein Unternehmen erfolgreich seine Emissionen verringern und daher überschüssige Berechtigungen besitzen, so können diese am Markt verkauft werden. Übersteigen dagegen die Emissionen die Zahl der vorhandenen Emissionsberechtigungen – etwa aufgrund unvorhergesehener Produktionszuwächse, muss das Unternehmen Emissionsberechtigungen zukaufen.

Dieser Handel mit Emissionsberechtigungen findet an dezidierten Börsenplätzen in Europa statt. Durch den Handel bildet sich zum einen ein Preis für Treibhausgasemissionen: das Recht, eine Tonne CO_2 zu emittieren, wird zu einem handelbaren Gut mit einem wirtschaftlichem Wert. Auf diese Weise fließt die Knappheit an Emissionsberechtigungen in unternehmerische Entscheidungen ein – bei Produktionssteigerungen muss der Preis von Emissionsberechtigungen in der Kostenkalkulation berücksichtigt werden, analog stellt bei Investitionen in energiesparende Technologien der Wert der freiwerdenden Emissionsberechtigungen eine zusätzliche Einnahme dar. Emissionsminderung wird so zu einem Gegenstand des Kostenmanagements, ebenso wie alle anderen Kostenfaktoren in einem Unternehmen.

Vor allem aber stellt die Möglichkeit des Handels sicher, dass die nötigen Emissionsminderungen – über Unternehmensgrenzen hinweg – dort erfolgen, wo sie zu den geringsten Kosten möglich sind. Der Emissionshandel stellt es den beteiligten Unternehmen frei, ob sie Maßnahmen zur Emissionsminderung ergreifen wollen – etwa indem sie in effizientere Anlagen investieren – oder ob sie die vorhandenen Anlagen weiterbetreiben wie gehabt, und gegebenenfalls Emissionsberechtigungen zukaufen. Welche dieser Möglichkeiten ein Unternehmen verfolgt, unterliegt nur dem betriebswirtschaftlichen Kalkül. Folglich wird ein Unternehmen zunächst die kostengünstigsten Minderungsmaßnahmen umsetzen, bis die Kosten von weiteren Minderungsmaßnahmen dem Marktpreis für Emissionsberechtigungen entsprechen – ab diesem Punkt ist es für das Unternehmen günstiger, Berechtigungen zuzukaufen, anstatt selbst Emissionen zu mindern. Wenn alle Unternehmen sich so verhalten, werden die Kosten insgesamt minimiert: im Endergebnis wird das (vorgegebene) Emissionsminderungsziel zu geringstmöglichen Kosten erreicht.

Auf diese Weise umgeht der Marktmechanismus das Problem, dass die Informationen über Minderungsmöglichkeiten zwischen den regulierten Firmen und dem Gesetzgeber asymmetrisch verteilt sind. Firmen wissen über ihre jeweiligen Minderungspotenziale und die damit verbundenen Kosten wesentlich besser Bescheid, als es der Gesetzgeber jemals könnte. Wollte der Gesetzgeber auf ordnungsrechtlichem Weg vorschreiben, welcher Emittent wie viel mindern soll, wäre das Ergebnis mit aller Wahrscheinlichkeit höchst ineffizient und damit teurer als nötig. Der Emissionshandel dagegen macht den Unternehmen keine Vorgaben darüber, ob und wie viel das Unternehmen an Emissionen mindern soll, oder welche Technik es dafür verwenden soll. Stattdessen gibt der Emissionshandel nur das Gesamtziel vor, und überlässt dessen Erreichung den unternehmerischen Einzelentscheidungen und der Koordination durch den Markt. In der Theorie führt dies zu einer optimalen Verteilung von Emissionen und Emissionsminderungen zwischen den beteiligten Akteuren: der Handel stellt sicher, dass das Minderungsziel zu geringstmöglichen Kosten erreicht wird. Damit erreicht die Koordinierungsfunktion des Marktes etwas, das der Gesetzgeber – mangels Information – selbst nicht leisten könnte.

Theoretisch lässt sich daraus ein Absolutheitsanspruch des Emissionshandels ableiten: da der Emissionshandel selbst schon zum optimalen Ergebnis führt, können zusätzliche Interventionen des Staates nur zu zusätzlichen Kosten führen, ohne dass damit ein Mehrwert für das Klima verbunden wäre: ein „optimaleres" Ergebnis als das Optimum kann es nicht geben – und schon gar nicht durch staatliche Regulierung, die über wesentlich schlechtere Informationen verfügt als die Unternehmen sie haben. Mit dieser Begründung wurde verschiedentlich argumentiert, dass sämtliche staatlichen Maßnahmen, die unterhalb des Caps wirksam werden, im Hinblick auf CO_2-Einsparungen wirkungslos seien. Insbesondere Maßnahmen wie Effizienzstandards für Kraftwerke und Industrieanlagen, aber auch die Förderung erneuerbarer Energien, seien daher verzichtbar.[9] Auch die Planung neuer Kohlekraftwerke oder die Entscheidung über Entwicklung und Einsatz von Techniken wie der Abscheidung und Speicherung von CO_2 (carbon capture and storage, CCS) wären danach am effizientesten über den Emissionshandel zu erreichen.

Diese Argumentation ist zwar theoretisch zunächst schlüssig. Aus den bisherigen Erfahrungen mit der praktischen Anwendung des Emissionshandels erscheinen allerdings Zweifel angebracht, in welchem Maß der Emissionshandel diese hohen Hoffnungen tatsächlich erfüllt hat. So lässt sich insbesondere diskutieren, ob die Emissionsobergrenze des Emissionshandels, und der sich daraus ergebende Preis für Emissionsberechtigungen, tatsächlich ausreichend anspruchsvoll ist, um einen wirksamen Anreiz für Emissionsminderungen zu schaffen. Für die erste Handelsperiode 2005 – 2007 zeigte sich, dass die Menge der zugeteilten Emissionsberechtigungen höher lag als der tatsächliche Bedarf. In der Folge kollabierte Ende April 2006 der Preis für Emissionsberechtigungen; im Jahr 2007 lag der Preis bei wenigen Euro und zuletzt bei wenigen Cent pro Tonne. Ein wirksamer Anreiz für Emissionsminderungen bestand daher allenfalls zeitweise.[10]

9 vgl. etwa *Sinn*, Das grüne Paradox, 2008.

10 DEHSt, Emissionshandel: Auswertung der ersten Handelsperiode 2005 - 2007, 132.

Ein weiteres Fragezeichen betrifft die Wirkung des Preissignals auf Unternehmensebene, d.h. welche Entscheidungen tatsächlich vom Preissignal betroffen sind, und wie effizient die Reaktion der Unternehmen auf das Preissignal tatsächlich ausfällt. Hier geht die Theorie davon aus, dass Unternehmen vollständig informiert sind, über welche Möglichkeiten zur Emissionsminderung sie verfügen, und zu welchen Kosten dies möglich ist. Die Beschaffung dieser Informationen ist aber für die Unternehmen selbst mit Kosten verbunden. In der Praxis gilt die Annahme vollständiger Information daher tatsächlich am ehesten für die Unternehmen, bei denen Energiekosten bzw. CO_2-Kosten einen erheblichen Kostenfaktor darstellen. Für kleinere Unternehmen bzw. solche, bei denen die Energie- und CO_2-Kosten einen kleinen Teil ausmachen, kann es durchaus betriebswirtschaftlich sinnvoller sein, Emissionshandel wie eine Gebühr zu behandeln, die es zu entrichten gilt. Hinzu kommt die Divergenz zwischen sozialen und privaten Diskontraten: so sind aus volkswirtschaftlicher Sicht Emissionsminderungsmaßnahmen bereits dann sinnvoll, wenn das investierte Kapital sich durch die eingesparten Energie- und CO_2-Kosten mit einer Rendite von 2 bis 3% amortisiert. Aus Sicht des Investoren sind solche Investitionen jedoch nicht interessant, da hier die Erwartungen an die Kapitalrendite erheblich höher liegen; gängigerweise bei 15 bis 20%.[11]

Gegenüber Energiesteuern bietet der Emissionshandel einen zusätzlichen Flexibilitätsgrad, da die Zuteilung (Allokation) der Emissionsberechtigungen unabhängig von der Teilnahme am Emissionshandel selbst entschieden werden kann. Während die Zuteilungsmethode entscheidend ist für die Verteilungswirkung des Emissionshandels, ist sie für die Klimaschutzwirkung von nachgeordneter Bedeutung, da diese in erster Linie von der Höhe des Caps abhängt. So schafft der Emissionshandel grundsätzlich auch dann ein wirksames Preissignal, wenn die Emissionsberechtigungen kostenlos verteilt werden. Auch kostenlos verteilte Emissionsberechtigungen stellen ein Wirtschaftsgut im Besitz des Unternehmens dar, das dieses entweder am Markt verkaufen kann, oder einsetzen kann, um damit Güter herzustellen. Im letzteren Fall entstehen dem Unternehmen Opportunitätskosten – in Form des entgangenen Erlöses, den das Unternehmen andernfalls aus dem Verkauf der Emissionsberechtigungen hätte erzielen können. Aus betriebswirtschaftlicher

11 Ein weiterer Faktor, der häufig als Argument für eine begrenzte Anreizwirkung des Emissionshandels angeführt wird, ist die Volatilität der Preise von Emissionsberechtigungen. Demnach ließen die starken Fluktuationen des CO_2-Preises keine verlässliche Investitionsplanung zu, und schafften kein starkes und eindeutiges Preissignal. Dem ist allerdings entgegenzuhalten, dass viele andere Preise, wie etwa Rohstoffpreise, Wechselkurse, die für Unternehmen z.T. von wesentlich größerer Bedeutung sind, vergleichbaren Schwankungen unterworfen sind. Unternehmen sind also regelmäßig mit dem Problem konfrontiert, auf Basis volatiler Trends Entscheidungen zu treffen, und haben i.d.R. entsprechende Mechanismen entwickelt.

Sicht sind diese Opportunitätskosten nicht anders zu behandeln als die Kosten anderer Einsatzstoffe, die bei der Produktion verbraucht werden. Dadurch wird das Preissignal, das durch den Emissionshandel geschaffen wird, im Prinzip auch bei kostenloser Vergabe von Emissionsberechtigungen wirksam. Positiv gewendet bedeutet dies, dass die Allokationsmethode gestaltet werden kann, um wirtschaftliche Härten und unerwünschte Verteilungswirkungen zu vermeiden, während die Klimaschutzwirkung des Instruments aber weitgehend erhalten bleibt. Dies stellt einen Unterschied zu Umweltsteuern dar, wo Ausnahmen jeglicher Art immer auch die Anreizwirkung der Steuern für den begünstigten Bereich zunichte machen: werden hier Ausnahmen eingeführt, etwa um unverhältnismäßige Belastungen bestimmter Industriezweige zu vermeiden, so geht dies unweigerlich zu Lasten der Wirksamkeit des Instruments im begünstigten Bereich.

Ein ungewollter Nebeneffekt der Tatsache, dass das Preissignal des Emissionshandels auch bei kostenloser Zuteilung wirksam wird, sind die zusätzlichen Produzentenrenten (*windfall profits*), die in einigen Branchen entstanden sind: obwohl die Emissionsberechtigungen kostenlos zugeteilt wurden, wurde deren Wert in Form von Opportunitätskosten auf den Produktpreis aufgeschlagen, die Kosten somit auf nachgelagerte Abnehmer überwälzt. Bei den Herstellern entstehen hierdurch zusätzliche Einnahmen, denen jedoch keine zusätzlichen Kosten gegenüber stehen – die Einnahmen stellen somit zusätzliche Gewinne dar. Diese Überwälzung von Opportunitätskosten ist jedoch nur in solchen Branchen möglich, in denen es keine Konkurrenz aus dem Nicht-EU-Ausland gibt, also insbesondere in der Strom- und Wärmeerzeugung. Die Überwälzung stellt an sich keinen Fall von Marktmissbrauch dar, sondern ist aus betriebswirtschaftlicher ebenso wie aus volkswirtschaftlicher Sicht im Prinzip gerechtfertigt.[12] Politisch unerwünscht dagegen ist, dass der Emissionshandel auf Seiten der Energieversorgungsunternehmen zu Zusatzgewinnen in Milliardenhöhe geführt hat.[13] Problematisch hieran ist jedoch nicht die Überwälzung der Opportunitätskosten, sondern vielmehr die Tatsache, dass die Emissionsberechtigungen kostenlos verteilt wurden.

Aktuell zeichnet sich ab, dass einige Anlaufschwierigkeiten des Emissionshandels mit Beginn der zweiten Handelsperiode 2008 – 2012 behoben wurden, und durch die 2009 erfolgte Novellierung der Emissionshandelsrichtlinie für die Zeit nach 2012 weitere Veränderungen bevorstehen, die die Funktionsfähigkeit des Emissionshandels weiter verbessern und seine Wirksamkeit steigern dürften.[14] So soll insbesondere die Menge der Emissionsberechtigungen kontinuierlich und auf vorhersehbare Weise verknappt werden, was die ökologische Wirksamkeit des Instruments erhöht, sowie die kosten-

12 S. hierzu auch Beschluss B 8 – 88/05 – 2 des Bundeskartellamtes vom 26. 9. 2007.

13 DEHSt, Auswertung 2005 - 2007, 124

14 Ebd., 132

lose Vergabe von Emissionsberechtigungen schrittweise reduziert werden, wodurch unerwünschte Verteilungswirkungen in Form von *windfall profits* beschränkt werden.

F. Ökonomische Instrumente und die internationale Klimapolitik

Das UN-Klimaregime (die Klimarahmenkonvention, KRK und das zugehörige Kyoto-Protokoll, KP) gibt bindende Minderungsziele für die Annex-I-Staaten vor, überlässt es jedoch den einzelnen Staaten, wie sie diese Reduktionsverpflichtungen erfüllen. Zwar sieht auch das UN-Regime marktbasierte Elemente vor, die sog. flexiblen Mechanismen, die der kosteneffizienten Umsetzung der Verpflichtungen dienen sollen: 1) der gemeinsamen Umsetzung der Maßnahmen („joint implementation" – JI), 2) der Mechanismus für umweltverträgliche Entwicklung („clean development mechanism" – CDM) und 3) der internationale Emissionsrechtehandel („emissions trading" – ET).

Beim zwischenstaatlichen Emissionsrechtehandel gemäßt KP handelt es sich zunächst um einen anderen Mechanismus als den EU-Emissionshandel: während ersterer zwischen den Annex-I-Staaten selbst stattfindet, handeln im zweiten Fall Anlagenbetreiber (Unternehmen) miteinander. Die Wirkungsweise ist grundsätzlich vergleichbar: so verfügen die Annex-I-Staaten über eine Gesamtmenge (assigned amount) an Emissionsberechtigungen (Assigned Amount Units, AAU), die sich anhand der Minderungsverpflichtung des KP bemisst. Um ihre Minderungsverpflichtung zu erfüllen, müssen die Staaten über eine Menge an AAU verfügen, die ihren nationalen Emissionen entspricht. Staaten, die ihre Emissionen stärker als vorgesehen gemindert haben, können ihre überschüssigen AAU verkaufen; Staaten, die ihre Minderungsziele nicht durch eigene Anstrengungen erreichen, können AAU zukaufen.[15] Dieser Handel erfolgt letztlich zwischen den nationalen Registerführern (in Deutschland die DEHSt), die hierfür in der Regel auf Intermediäre zurückgreifen (in Deutschland etwa die KfW).

Mit Beginn der zweiten Handelsperiode hat die EU die beiden Systeme – den EU-Emissionshandel und den zwischenstaatlichen Emissionsrechtehandel – miteinander verknüpft. So ist gemäß EG-Registerverordung[16] jede Einheit, die im Rahmen des EU-Emissionshandels gehandelt werden (European Union Allowance, EUA), verbunden mit einer KP-Einheit (AAU). Die AAU

15 Da Deutschland sein Minderungsziel von 21% gemäß KP bzw. EU-Vereinbarung zur Lastenverteilung voraussichtlich übererfüllen wird, befände es sich in der Position eines Verkäufers; ob es von dieser Möglichkeit Gebrauch macht, ist nicht bekannt.

16 Verordnung (EG) Nr. 2216/2004 der Kommission vom 21. Dezember 2004.

wird somit zur gemeinsamen „Emissionswährung". Für den Teil ihrer Emissionen, der unter den Emissionshandel fällt, ist damit stets gewährleistet, dass die EU-Staaten die völkerrechtliche Verpflichtung gemäß KP erfüllen.[17]

Zudem eröffnet die Verbindung zwischen dem EU-Emissionshandel und dem zwischenstaatlichen Handel gemäß dem KP eine Möglichkeit, wie verschiedene nationale Emissionshandelssysteme miteinander verknüpft werden können. Eine solche Verknüpfung hat im kleinen Maßstab bereits stattgefunden: Seit 2008 haben sich Norwegen, Island und Liechtenstein dem EU-Emissionshandel angeschlossen. Darüber hinaus gibt es Bestrebungen, den EU-Emissionshandel mit Handelssystemen zu verbinden, die in anderen Teilen der Welt entstehen bzw. entstanden sind. Um dieses Ziel zu befördern, wurde u.a. im Oktober 2007 die „International Carbon Action Partnership" (ICAP) ins Leben gerufen, die inzwischen zehn EU-Länder und die EU-Kommission, 14 US-amerikanische und kanadische Bundesstaaten und sechs weitere Staaten als Mitglieder und Beobachter umfasst.[18]

Eine solche Verknüpfung von Emissionshandelssystemen verspricht eine Reihe von Vorteilen. Dazu zählen unter anderem die größere ökonomische Effizienz und damit verbundene Kostensenkung, verbesserte Liquidität und geringere Marktmacht in einem größeren Markt, ein Ausgleich von Wettbewerbsnachteilen, und nicht zuletzt die politische Signal- und Bindungswirkung.[19] Mittel- bis langfristig, so die Hoffnung, soll aus der Verknüpfung von Emissionshandelssystemen in verschiedenen Teilen der Welt die Keimzelle für einen globalen Kohlenstoffmarkt entstehen; so hatte die EU-Kommission im Vorfeld zum Kopenhagener Klimagipfel die Schaffung eines OECD-weiten Kohlenstoffmarktes bis 2015 avisiert.[20]

Die Frage nach der Rolle ökonomischer Instrumente im internationalen Klimaregime stellt sich also differenziert dar. Einerseits gibt es eine positive Wechselwirkung, insofern als die Nutzung ökonomischer Instrumente im KP explizit angelegt ist, und da durch das KP Normen und Institutionen geschaffen werden, die die Einführung eines weltweiten Kohlenstoffmarkts erheblich erleichtern. Hierzu zählt vor allem die Vereinbarung über verbindliche Minderungsziele und –fristen, aber auch logistische Elemente wie die

---

17 Dabei ist zu beachten, das Fortbestand und Funktionsfähigkeit des EU-Emissionshandels nicht von den völkerrechtlichen Verpflichtungen abhängen: zwar sieht Artikel 28 der novellierten EU-Emissionshandelsrichtlinie vor, dass die Mengenziele des EU-Emissionshandels im Licht der völkerrechtlichen Verbindungen angepasst werden; die Mengenziele selbst gelten aber unabhängig davon, ob ein Kyoto-Folgeabkommen zustande kommt.

18 www.icapcarbonaction.com.

19 *Tuerk, Mehling, Flachsland* und *Sterk*: Linking Carbon Markets: Concepts, Case Studies and Pathways. Climate Policy, Vol. 9, No. 4, 2009.

20 *European Commission*: Towards a comprehensive climate change agreement in Copenhagen, Provisional version, Brussels, COM (2009) 39/3.

gemeinsame „Währung" AAU, Konventionen für Monitoring und Berichterstattung von Emissionen, sowie das System nationaler Emissionsinventare. Andererseits stellt die Verknüpfung von Emissionshandelssystemen und die Schaffung eines globalen Kohlenstoffmarkts aber auch eine mögliche Alternative zum internationalen Klimaregime unter dem UNFCCC dar. Dies zeigt etwa die rege Diskussion über eine Verknüpfung zwischen dem EU-Emissionshandelssystem und der „Regional Greenhouse Gas Initiative" (RGGI), einem Emissionshandelssystem von zehn Bundesstaaten an der Ostküste der USA.[21] So wird hier eine Verknüpfung angestrebt, obwohl das RGGI-System nicht in einem Annex-I-Staat angesiedelt ist, und es sich bei den durchführenden Bundesstaaten noch nicht einmal um souveräne Staaten handelt. Dies birgt den Nachteil, dass die o.g. praktischen Aspekte der Verknüpfung – Anerkennung der Minderungsziele, verwendete Recheneinheiten, Standards für Monitoring etc. – in gesonderten Vereinbarungen geklärt werden müssen. Dem steht jedoch gegenüber, dass auf diese Weise eine praktische und verbindliche Kooperation mit den beteiligten US-Bundesstaaten entsteht, wo zuvor das KP – mangels Ratifizierung durch den Kongress – gescheitert war.

Wie vieles andere im Bereich der internationalen Klimapolitik, ist der Ausblick für die Verknüpfung von Emissionshandelssystemen und die Entstehung eines globalen Kohlenstoffmarktes nach dem Ausgang der Kopenhagener Klimakonferenz unklar. Zwar enthält die Kopenhagen-Vereinbarung den Beschluss, „verschiedene Ansätze [...], einschließlich der Nutzung marktbasierter Ansätze," zu verfolgen.[22] Dieser unbestimmte Beschluss kann jedoch kaum als Startschuss für die Schaffung eines globalen Kohlenstoffmarkts verstanden werden.

G. Fazit: Ökonomische Instrumente in der Klimapolitik

Es gibt wenig andere Politikfelder, in denen ökonomische Instrumente eine so prominente Rolle spielen wie im Klimaschutz. Dies gilt insbesondere für den EU-weiten Emissionshandel: dieser ist nicht nur, gemessen am Marktvolumen, das bislang größte ökonomische Instrument in der Umweltpolitik, sondern es handelt sich auch um den ersten Fall, in dem ein solches Instrument grenzübergreifend umgesetzt wurde. Nachdem der EU-Emissionshandel in der ersten Handelsperiode einige Anlaufschwierigkeiten zu überwinden hatte, wurden spätestens mit der Novellierung der EU-Emissionshandelsrichtlinie im Jahr 2009 wichtige Weichenstellungen vorgenommen, um die

21 Vgl. *Sterk, Braun, Haug et al.*: Ready to Link Up? Implications of Design Differences for Linking Domestic Emissions Trading Schemes. JET-SET Working Paper I/06, Wuppertal.

22 Entscheidung -/CP.15 der UNFCCC-Vertragsstaatenkonferenz vom 18. Dezember 2009, § 7.

ökonomische Effizienz und die ökologische Wirksamkeit des Instruments zu verbessern.

Weniger dynamisch stellt sich dagegen die Lage bei Energie- und Klimasteuern dar. Zwar sind diese als Instrument seit langem etabliert, und kommen in praktisch allen OECD-Ländern zum Einsatz. Im Verhältnis zum gesamten Steueraufkommen stellen sie jedoch in fast allen Ländern einen kleinen Anteil dar; mangels neuer Initiativen ist dieser Anteil in den letzten Jahren nominell sogar in den meisten Ländern zurückgegangen. Insofern sind die EU-Länder auch weiterhin entfernt von dem fiskalpolitischen Ziel, die Steuerlast vom Produktionsfaktor Arbeit auf Umwelt-, Energie- und Ressourcenverbrauch zu verlagern, wie es etwa in der EU-Nachhaltigkeitsstrategie formuliert ist. Zwar wurden (und werden) in den letzten Jahren verschiedene Initiativen auf europäischer Ebene unternommen, um Ressourcenverbrauch und CO_2-Emissionen außerhalb des EU-Emissionshandels stärker zu belasten. Da die EU in Steuerfragen jedoch nach wie vor nur einstimmig entscheiden kann, sind die Erfolgsaussichten solcher Initiativen jedoch zweifelhaft. Nicht auszuschließen ist allerdings, dass manche EU-Staaten aufgrund der angespannten Haushaltslage zu einer Neubewertung dieser Frage kommen.

Eine ebenso spannende wie offene Frage betrifft schließlich die Koevolution zwischen dem Emissionshandel und dem internationalen Klimaregime. So eröffnet das Instrument des Emissionshandels die Möglichkeit der Internationalisierung: aus der Verknüpfung von nationalen Instrumenten entsteht so ein länderübergreifendes System, bis hin zu einem globalen Kohlenstoffmarkt. Im Fall des EU-Emissionshandels ist dies mit der Einbindung von drei Nicht-EU-Staaten – wenn auch im begrenzten Umfang – bereits zu beobachten.

Zwar gibt es eine Reihe von Argumenten, die für die Verknüpfung von Emissionshandelssystemen und die Weiterentwicklung zu einem globalen Kohlenstoffmarkt sprechen – wie verbesserte ökonomische Effizienz, die politische Bindungs- und Signalwirkung, und nicht zuletzt die Schaffung eines ebenen Spielfeldes durch die Nivellierung von Kosten- und damit Wettbewerbsunterschieden. Ob es jedoch zu einer solchen Entwicklung kommt, hängt auch vom Fortschritt in der internationalen Klimapolitik im Rahmen der UNFCCC statt.

Der unbestimmte Ausgang der Kopenhagener Klimakonferenz lässt derzeit nicht erwarten, dass in der nahen Zukunft ein verbindliches Abkommen zu Stande kommen wird, das den Regelungsrahmen für einen globalen Kohlenstoffmarkt vorgibt. Ein top-down-Ansatz zur Schaffung eines globalen Kohlenstoffmarktes ist damit weniger wahrscheinlich. Umso mehr Bedeutung kommt dadurch bottom-up-Ansätzen zur Einführung neuer und zur Verknüpfung bestehender Systeme zu. Wie das US-amerikanische RGGI-System und der EU-Emissionshandel zeigen, ist das Entstehen und Funktionieren solcher

Systeme auch ohne den völkerrechtlichen Rahmen eines internationalen Klimaabkommens möglich. Auch für die Verknüpfung solcher Systeme gilt, dass ein internationales Abkommen zwar hilfreich, aber nicht unabdingbar ist. Sollte es auf den folgenden Klimakonferenzen nicht gelingen, dem internationalen Verhandlungsprozess neue Dynamik zu geben, böte die Verknüpfung von Emissionshandelssystemen eine Alternative, um durch bilaterale Initiativen Fortschritte zu erzielen und mit gleichgesinnten Staaten eine ebenso praktische wie verbindliche Kooperation einzugehen.

Emissionsrechtehandel mit Entwicklungsländern

Dr. Peter Ebsen, LL.M.,
EcoSecurities, Oxford

A. Derzeitiger Handel mit Emissionsrechten aus Entwicklungsländern

I. Entstehung von Emissionsrechten aus Entwicklungsländern

Derzeit können in Entwicklungsländern generierte Emissionsrechte im Rahmen des Clean Development Mechanism (**"CDM"**) gem. Art. 12 Kyoto-Protokoll gehandelt werden.[1] Danach erhalten Eigner von anerkannten Emissionsminderungsprojekten in Entwicklungsländern[2] vom United Nations Framework of Climate Change (**"UNFCCC"**) Sekretariat für die von den Projekten generierten Emissionsreduktionen Certified Emission Reductions (**"CERs"**) zugeteilt.

Die CERs sind virtuelle Wertzeichen[3] – sie repräsentieren den Wert einer metrischen Tonne Kohlendioxidäquivalent – mit individuellen Identifikationsnummern, die in einem vom UNFCCC-Sekretariat verwalteten elektronischen Register gespeichert sind. Zunächst werden diese Wertzeichen dem Konto eines der Projektteilnehmer gutgeschrieben. Die Übertragung dieser Wertzeichen erfolgt, indem der Inhaber des Kontos, dem die jeweiligen CERs gutgeschrieben sind, den Registrar anweist, die CERs auf ein anderes Konto des elektronischen Registers zu überweisen und der Registrar diesen Überweisungsauftrag ausführt.

---

1 Hintergrundinformationen zum CDM können von der Homepage des UNFCCC Sekretariats – http://cdm.unfccc.int/about/index.html – abgerufen werden.

2 Genauer: Länder, die nicht in Annex I der United Nations Framework Convention on Climate Change (http://unfccc.int/resource/docs/convkp/conveng.pdf) genannt sind.

3 Siehe zur Rechtsnatur von Emissionsberechtigungen als virtuelle Wertzeichen *Ebsen*, Die EU-Emissionshandelsrichtlinie und deren Umsetzung in deutsches Recht, 59 ff.

II. Nutzung von Emissionsrechten aus Entwicklungsländern

Gem. Art. 3 Abs. 12 Kyoto-Protokoll können Industrieländer[4] CERs nutzen, um ihrer Pflicht nachzukommen, die Menge der ihnen für die Jahre 2008 bis 2012 zugerechneten Treibhausgasemissionen auf die Menge der von ihnen gehaltenen Treibhausgas-Wertzeichen[5] zu begrenzen. Die Industrieländer sind damit die ultimativen Endverbraucher von CERs.

Daneben haben Japan und die EU aber auch nationale/supra-nationale Maßnahmen getroffen, nach denen treibhausgasemittierende Unternehmen CERs nutzen können, um ihre jeweiligen Vorgaben nach innerstaatlichem Recht zu erfüllen. So können die vom EU-Emissionshandelssystem erfassten Anlagebetreiber nach den Maßgaben der entsprechenden nationalen Gesetze zur Umsetzung der EU-Emissionshandelsrichtlinie neben den Emissionsberechtigungen des EU-Emissionshandelssystems auch CERs zur Erfüllung ihrer Abgabepflichten nutzen.[6] In Japan haben sich emittierende Unternehmen einem "freiwilligen" Selbstverpflichtungssystem zur Minderung von Treibhausgasemissionen angeschlossenen. Diese Unternehmen können CERs nutzen, um ihre jeweiligen Vorgaben im Rahmen dieses Systems zu erfüllen. Die europäischen und japanischen Unternehmen geben diese CERs an die jeweiligen Industrieländer weiter, in denen sich die emittierenden Anlagen befinden, und die Industrieländer nutzen die CERs zur Erfüllung ihrer Pflichten nach dem Kyoto-Protokoll. Da diese Weitergabe aber nicht nach Marktprinzipien erfolgt, agieren die jeweiligen emittierenden Unternehmen als Quasi-Endverbraucher der CERs.

III. Handel mit Emissionsrechten aus Entwicklungsländern

Ein Großteil der Eigner von CDM Projekten hat die CERs – typischerweise noch während der Projektplanungsphase – "unit contingent" also für den Fall ihrer Entstehung an Endverbraucher und Zwischenhändler verkauft. Unter den Zwischenhändlern und Endverbrauchern besteht daneben ein mehr oder weniger liquider Terminhandel mit CERs – der zum Teil über elektronische Handelsplattformen und zum Teil over-the-counter ("OTC") abgewickelt wird. Schließlich findet zwischen den Zwischenhändlern, Endverbrauchern sowie den Projekteignern, die ihre CERs nicht bereits verkauft haben, ein Spothandel mit CERs statt – ebenfalls über elektronische Handelsplattformen und OTC.

---

4 Genauer: Länder, die in Annex I der United Nations Framework Convention on Climate Change genannt sind.

5 Die Treibhausgas-Wertzeichen des Kyoto-Protokolls sind assigned amount units („AAU"), emission reductions units ("ERU") und CER.

6 Art. 11a RL 2003/87/EC in der Fassung vom 13.11 2004.

B. Handel mit Emissionsrechten aus Entwicklungsländern nach 2012

Die Zukunft des Handels mit Emissionsrechten aus Entwicklungsländern für die Zeit nach 2012 ist noch nicht im Detail absehbar. Es ist derzeit noch unklar, zu welchen Ergebnissen die Verhandlungen zum Klimaschutzregime nach 2012 kommen werden. Entscheidend ist dabei zum einen, inwieweit Emissionsbegrenzungspflichten für Industrieländer auch für die Zeit nach 2012 bestehen werden und zum anderen, ob, auf welche Weise und in welchem Umfang Emissionsrechte für Emissionsminderungen in Entwicklungsländern entstehen werden.

Unklar ist darüber hinaus die Ausgestaltung der verschiedenen nationalen/supranationalen Emissionshandelssysteme in der Zeit nach 2012. Neben dem bereits bestehenden Emissionshandelssystem der EU bestehen Initiativen zur Einführung entsprechender Systeme in den USA, Japan, Australien und Neuseeland. Insoweit wird entscheidend sein, wie knapp die Menge der jeweils zur Verfügung stehenden nationalen Emissionsrechte sein wird und inwieweit diese Systeme die Nutzbarkeit von Emissionsrechten aus Entwicklungsländern quantitativ und qualitativ beschränken werden.

C. Prognose für die langfristige Entwicklung des Emissionsrechtehandels mit Entwicklungsländern nach 2020

Vorhersagen für die Zeit nach 2020 sind naturgemäß unsicher – insbesondere wenn man bedenkt, dass es bereits mehr als unklar ist, wie der Emissionshandel mit Entwicklungsländern nach 2012 ausgestaltet sein wird. Dennoch werden verschiedene Trends erkennbar, die sich – zum Teil klarer und zum Teil weniger klar – abzeichnen.

- **Stetige Verknappung der global zur Verfügung stehenden Emissionsrechte.** Die wissenschaftlichen Erkenntnisse zum Klimawandel und die veröffentlichte Meinung im Hinblick auf diese Erkenntnisse scheinen in zunehmend mehr Ländern zum politischen Willen zu führen, Anstrengungen zu unternehmen, die Gesamtmenge der globalen Treibhausgasemissionen zu reduzieren. Die Umsetzung des derzeit vielfach erklärten Ziels, zu vermeiden, dass die globale Durchschnittstemperatur bis 2100 um mehr als 2 Grad Celsius über das vorindustrielle Niveau steigt, würde eine extreme Verknappung der globalen Treibhausgasemissionen bis 2050 erfordern.
- **Zunehmende Erfassung sämtlicher Treibhausgasemissionen von einem oder mehreren miteinander verknüpften globalen Emissions-**

handelssystemen. Langfristig kann die angestrebte extreme Verknappung der globalen Treibhausgasemissionen nur dann erreicht werden, wenn praktisch die gesamten globalen Treibhausgasemissionen von einem – oder mehreren miteinander verknüpften – Emissionshandelsystemen erfasst werden. Die Verknappung der globalen Treibhausgasemissionen erfordert Maßnahmen, die zur Vermeidung von Emissionen führen. Diese Vermeidungsmaßnahmen sind mit Kosten verbunden. Die Gesamtvermeidungskosten hängen davon ab, welche Emissionen vermieden werden. Der politische Wille, in hinreichendem Umfang Vermeidungsmaßnahmen durchzusetzen, um das globale Verknappungsziel zu erreichen, dürfte nur dann gegeben sein, wenn die Gesamtvermeidungskosten minimiert werden – und dies ist praktisch nur durch ein – oder mehrere miteinander verknüpfte – Emissionshandelssysteme erreichbar.

- **Zunehmende Zuteilung von Emissionsrechten/ Erlösen aus der Versteigerung von Emissionsrechten nach Bevölkerungszahlen.** Die Zuteilung von Emissionsrechten oder – je nach Ausgestaltung des oder der Emissionshandelssysteme – der Erlöse aus der Versteigerung von Emissionsrechten an die verschiedenen Länder wird sich verstärkt an den jeweiligen Bevölkerungszahlen orientieren. Andere Zuteilungsmethoden – etwa nach Maßgabe der in der Vergangenheit getätigten Emissionen – mögen für eine Übergangsphase angemessen sein. Langfristig würden sie aber bedeuten, dass die Einwohner verschiedener Länder nicht das gleiche Recht auf Teilhabe an der dann global knappen Ressource hätten, Treibhausgase emittieren zu können.

Diskussion

Zusammenfassung:
Hanna Schmidt, Doktorandin am Institut für öffentliches Wirtschaftsrecht, Universität Münster

Herr Dr. *Franken*, (Bundesministerium für Ernährung, Landwirtschaft und Verbraucherschutz) bedankt sich dafür, dass auch nicht-juristische Vorträge eingebunden werden in die Veranstaltung, sodass unterschiedliche Expertise zusammengebracht werden kann und stellt eine Frage an Herrn Görlach: Stichwort „Carbon Leakage“ – die Juristen beschäftigen sich ja momentan sehr damit und fassen es als ein sehr schwieriges Thema auf, bei dem man sich von einem Anwalt beraten lassen sollte. Wie sehen Sie das? Das Bild vom „Carbon Leakage“ ist ja ganz plastisch: Es geht zwar nur um ein Leck, aber ein Schiff kann an einem Leck ja auch sinken. Kann ein Emissionshandelssystem effizient sein ohne Maßnahmen, die dem Carbon Leakage entgegenwirken?

Herr *Görlach* (Ecologic Institute Berlin): Ja, es kann effizient sein, weil sich nicht alles an Produkten und Dienstleistungen per Leakage außer Land schaffen lässt. Das ist eine ganz physische Begrenzung, die es wirklich nur für einige Industrien überhaupt möglich macht, dass Leakage auftreten kann. Deswegen beschränkt es sich auf wenige Bereiche und daher spielt z.B. im ganzen Bereich Stromerzeugung Leakage keine Rolle. Es gibt viele andere Bereiche, in denen das Verhältnis zwischen Transportkosten und der möglichen Preisdifferenz, die sich aus Leakage, aus dem Emissionshandel ergibt, so gering ausfällt, dass das Risiko nicht wirklich gegeben ist. Daher bleibt man also auch gerne bei diesen wenigen Branchen, bei denen man eine tatsächliche Betroffenheit feststellt und für die man Lösungen braucht. Und da ist man dann mittendrin in der Frage nach der richtigen Lösung. Letzten Endes würde ich aber auch sagen, dass es sich immer um eine Art von Behelfsflicken handelt, die man „da drauf setzt“. Die beste Lösung ist tatsächlich, dass man in eine Situation kommt, in der es keine Leakage-Zufluchtsorte mehr gibt, d.h. dass also alle Industrien in allen Ländern in irgendeiner Weise reguliert wären, was die Emissionen angeht, dann wäre das Problem abgestellt. Alles andere, was man sich überlegen kann, z.B. Border Adjustments oder kostenlose Zuteilung, das sind im Prinzip nur so ein paar Flicken, mit denen man das Problem aufhalten kann, aber nicht wirklich wird lösen können.

Herr *Körner* (BASF – Zentrale Abteilung Steuern, Zölle, Außenwirtschaftsrecht): Herr Görlach, Herr Ebsen: Sie haben gesagt, die Mengenbeschränkung hat den großen Vorteil, dass es zu einer effizienten Allokation führt, nämlich dass dort gespart wird, wo es am billigsten ist. Und das scheinen doch offensichtlich diese HFC-Projekte zu sein, bei denen man mit einem geringen Geldaufwand einen hohen Effekt erreichen kann und ausgerechnet diese sollen jetzt aus dem Mechanismus der CERs herausgenommen werden, was mir nicht einleuchtet.

Herr *Klein* (Bundesverband der deutschen Bioethanolwirtschaft e.V.) stellt eine Frage an Herrn Görlach und Herrn Ebsen: Wir machen in unserer Industrie, d.h. der Ethanolindustrie, die Erfahrung, dass aufgrund der neuen Rechtsvorschriften für den Preis unserer Produkte eben auch Emissionen relevant sind, also d.h., um es vereinfacht darzustellen: Je mehr Klimagasminderung Sie mit einem Liter Ethanol erzielen, desto besser ist Ihr Preis. Das ist zwar sehr vereinfacht, aber im Prinzip wird sich das so entwickeln.

Nun stellen wir also Folgendes fest: Wenn wir eine Ethanol-Produktion aufbauen, dann müssen wir dafür Rechte kaufen. Wie sehen Sie das Problem, dass Handelsrechte ja nicht isoliert auf der Welt sind, sondern Emissionen ja auch in anderen Bereichen Berücksichtigung finden, wie z.B. den Rechtsvorschriften der EU, Stichwort Richtlinien für Erneuerbare Energien, die jetzt umgesetzt werden in allen Mitgliedsstaaten. Könnte man nicht ganz einfach sagen, dass, wenn ein Unternehmen Handelsrechte kaufen muss, um produzieren zu können, es die auf dem Produkt lastenden Emissionen angerechnet bekommen kann. Oder sehen Sie andere Möglichkeiten, wie man diese beiden Systeme in Harmonie bringen kann?

Herr Prof. *Wolffgang* (Universität Münster) verweist auf den noch zu haltenden Vortrag von Herrn Dr. Altenschmidt, da diese Frage auch dort Gegenstand sein wird.

Herr Prof. *Hermann* (Universität Passau) stellt eine Frage an Herrn Ebsen: Nachdem Sie sich so visionär auch mit der Zeit nach 2020 beschäftigt haben, fällt mir wieder das alte Sprichwort ein „Mit Prognosen sollte man vorsichtig sein, insbesondere wenn sie sich auf die Zukunft beziehen!". Sie haben so salopp von gigantischen Vermögenstransfers in die Schwellenländer und Angleichung der Lebensverhältnisse gesprochen. Das sind natürlich zwei unterschiedliche Paar Schuhe. Ich bin zwar kein Ökonom, aber eine Angleichung der Lebensverhältnisse lässt sich allein damit, dass wir ihnen nur Geld dafür bezahlen, dass sie nichts emittieren, ja nicht bewirken. Denn Angleichung der Lebensverhältnisse würde bedeuten, dass auch der Chinese ähnlich mobil würde wie wir, er ebensolche Klimaanlagen wie die Amerikaner hätte und andere Dinge machen würde, die auch zu Emissionen führen. Also eine Angleichung der Lebensverhältnisse ohne Angleichung der Pro-Kopf-Emissionen scheint mir auf den ersten Blick nicht so völlig plausibel zu sein, solange nicht technologische Fortschritte gemacht werden, die das tatsächlich ermöglichen. Also einfach den Chinesen Geld dafür zu geben, dass sie irgendwo auf dem Land in ihrer kleinen Hütte sitzen bleiben und sich nicht beklagen, das hilft ja keinem. Dann können sie ja auch nur das Geld verbrennen, das ihnen die Federal Reserve herüberschickt, und das kann ja nicht die Idee sein. Von daher würde ich Sie gerne bitten, Ihre Vision noch einen Tick weiter zu spinnen, damit ich mir vorstellen kann, wie das realisiert werden könnte.

Herr *Posse* (Universität Münster) stellt eine Frage an Herrn Görlach: Sie hatten erwähnt, dass ein globaler Emissionshandel nicht die Fähigkeit hat, radikale Veränderungen herbeizuführen und zu Beginn hatten Sie den Budget-Ansatz des Wirtschaftlichen Beirats zitiert, der gezeigt hat, dass radikale Änderungen notwendig sind. Daher würde mich Ihre Sichtweise interessieren: Es gibt ja Szenarien, dass vor 2020 der Peak an globalen Emissionen erreicht sein und es dann ein stetiges Sinken geben muss. Kann das überhaupt mit dem derzeitigen Wirtschaftmodell, das eben wachsen muss, vereinbar sein? Da gibt es ja auch die These einer Post-Wachstums-Ökonomie, einer Ökonomie, die nicht mehr wachsen kann aufgrund dieser Grenzen. Anschließend noch eine Fragen an Herrn Ebsen, EcoSecurities: Mich würde die Sicht der Entwicklungsländer aus Ihrer Perspektive in diesem Kontext interessieren.

Herr *Görlach* (Ecologic Institute Berlin) als Antwort auf den Beitrag von Herrn Klein: Zur Ethanolindustrie, die bei ihrer Produktion ja selber auch Energie verbraucht und dafür Zertifikate benötigt: Ja, das ist so, aber mit dem Problem ist sie ja nicht alleine: Der größte Stahlverbraucher in Deutschland ist mittlerweile die Windenergieindustrie für die Anlagen, die sie aufstellen, und Stahl ist auch eines der Produkte, das teurer wird durch den Emissionshandel, d.h. dort spürt man die Kosten auch. Und genauso beschwert sich die Bahn ganz enorm, weil sie der größte Stromverbraucher ist und für ihren Strom auch einen höheren Preis zahlen muss dadurch, obwohl sie ein umweltfreundlicher Verkehrsträger ist. Als Ökonom geht es einem jedoch darum, ein Preissignal zu schaffen, das Emissionen verteuern soll. Und ob das jetzt „gute“ oder „schlechte“ Emissionen sind, ob sie dafür verwendet werden ein SUV herzustellen oder ein Drei-Liter-Auto, ob sie in der Ethanol-Produktion anfallen oder in einer Raffinerie, das ist für das Preissignal erstmal egal. Wenn man allerdings in einer Branche arbeitet, die noch nicht marktreif ist und deswegen der Förderung bedarf, gibt es dafür ja bereits eigene Förderinstrumente, die auch richtig sind, aber deswegen muss man nicht am Emissionshandel herumschrauben. Das zumindest ist mein Standpunkt zu dieser Frage.

Zu der Frage von Herrn Posse: Emissionshandel allein wird es wohl nicht richten mit den radikalen Änderungen, die wir brauchen. Aber wo kann es sonst herkommen, was können die Instrumente sein? Ein ambitioniertes Abkommen in Kopenhagen würde schon einmal helfen. Was wir in Europa gesehen haben, wäre durchaus sinnvoll als Umsetzung der Emissionsziele, die vereinbart worden sind, und es kann diese Ziele auch in dem abgesteckten Rahmen erreichen. Aber ob es wirklich eine Systemtransformation einleitet, so wie man die haben möchte zur Low-Carbon-Economy, das würde ich bezweifeln. Ein Knackpunkt, den wir konkret jetzt sehen, ist der Neubau von Kohlekraftwerken, was ja auch heiß diskutiert wird und wo argumentiert wird, dass, wenn diese wie geplant gebaut würden, unsere Emissionen bis 2050 festgelegt wären. Eigentlich kann man sich diesbezüglich jedoch entspannt zurücklehnen, wie das der demnächst scheidende Umweltminister Gabriel auch getan hat, und sagen: Wir haben doch den Emissionshandel! Lasst die doch bauen, dann haben sie halt in zwanzig Jahren Investitionsruinen, wenn wir Preise haben von sechzig Euro pro Tonne. Das ist dann eben das Problem der Energieversorger und ihr unternehmerisches Risiko. Die Frage ist allerdings: Wird es tatsächlich dazu kommen? Wenn es so laufen würde, dann würde ich sagen, kann das der Emissionshandel auch erreichen. Ich habe allerdings selber meine Zweifel - obwohl ich das Instrument ansonsten sehr unterstütze -, ob der Emissionshandel so stark ist, dass wenn es wirklich hart auf hart käme, er das Instrument wäre, dies auch wirklich so zu gewährleisten. Das ist jedoch eher eine politische als eine ökonomische Frage.

Herr Dr. *Ebsen* (EcoSecurities, Oxford) zu Herrn Körners Anmerkungen: Ich bin der Meinung, dass es falsch ist, die Rechte aus HFC-Projekten nicht zuzulassen. Ich glaube, dass einige HFC-Projekte Probleme haben, und zwar Probleme in den Verwaltungsregeln: Die bekommen eine Zuteilung nach einem bestimmten System, und da sie sehr früh ihre Registrierung bekommen hatten, erfolgte die Zuteilung nach sehr einfachen, simplen Mustern, was bedeutet, dass die Emissionsrechte, die diese Unternehmen generieren, mehr wert sind als die Produkte, die sie generieren. Dadurch produzieren diese Unternehmen, um Emissionsrechte zu generieren, was über eine nachträgliche Anpassung der Verwaltungsakte vermieden werden muss, wodurch das HFC-Problem meiner Meinung nach gelöst wäre. Im Allgemeinen ist es ja gut, wenn Projekte aus Industriegasen, die günstig Emissionen vermeiden können, durchgeführt werden. Das ist ja gerade der Sinn des Emissionshandelssystems.

Zu Herrn Prof. *Hermann*: Anpassung bzw. Angleichung der Lebensverhältnisse: Zunächst zu dem Stichwort „Vorsicht mit Prognosen“: Für mich ist es gerade bei diesem Thema sehr wichtig, darüber nachzudenken, was man jetzt macht, wie ich mich selbst im Markt verhalte, was ich meinem Unternehmen rate, wie es sich im Markt verhalten soll und was meiner Meinung nach in der Zukunft passiert, d.h. vor allem darüber nachzudenken, wie sich dies auf die Verhandlungsprozesse, die wir jetzt sehen, auswirkt. Deswegen ist es für mich wichtig, diese langfristigen Prognosen zu machen, um zu sehen, welchen Einfluss das hat. In der Konsequenz meine ich, dass aus der Sicht der

Entwicklungsländer, die ich wohlgemerkt nicht kenne, die Chinesen nicht gut beraten wären, ließen sie sich auf ein System ein, bei dem sie für Emissionsminderungen nicht in großem Umfang Geld bekämen. Deswegen glaube ich nicht, dass die Chinesen sich auf eine Emissionsminderung einlassen werden, ohne dafür Geld zu bekommen. Wie führt das dann zur Angleichung der Lebensverhältnisse? Ich glaube, dass es eine falsche Sichtweise ist, zu denken, wir Industrieländer könnten weitermachen wie bisher und wir geben den Entwicklungsländern einfach Geld dafür, dass sie weiterhin in Hütten leben. So wird sich das meiner Meinung nach wohl nicht abspielen. Eher glaube ich, dass erstens Geld „gepumpt" wird, was bereits zu einer gewissen Änderung der Lebensverhältnisse führen wird, so wie wir es in der ehemaligen DDR gesehen haben, aber zweitens können wir in den Entwicklungsländern nicht so weitermachen wie bisher, das wäre viel zu teuer, soviel Geld haben wir gar nicht, d.h. eine Angleichung der Lebensverhältnisse wird dadurch stattfinden, dass wir weniger emittieren, dass wir anders leben. Unsere Kinder, unsere Enkel können nicht in dem Umfang verbrauchen, in dem wir verbrauchen, es sei denn, wir hätten extreme Fortschritte im Technologiebereich, die ich für unwahrscheinlich halte. Zudem werden die Chinesen wohl nicht sagen, dass sie im selben Umfang ihre Industrie beschränken werden wie die Industrieländer. Wenn wir also zuerst eine Zuteilung haben von Emissionsrechten und die Chinesen ein paar von diesen verkaufen, werden sie trotzdem genug zurückbehalten, um ihrer Industrie einen Vorteil zu verschaffen gegenüber der Industrie in den Industrieländern. Langfristig wird sich also Industrie von den Industrieländern wegbewegen hin zu den Entwicklungsländern. Was die Industrieländer zu vermeiden versuchen durch alle möglichen Maßnahmen, aber ich glaube trotzdem, dass der Trend dahingehen wird, dass sich Industrie stärker in alle Länder ausbreitet, und auch das wird zu einer Angleichung der Lebensverhältnisse führen, was ich positiv bewerte. Die Leute in den Industrieländern sollten das begrüßen, auch wenn es mit Opfern verbunden ist für uns und unsere Kinder. Aber wo die Industrieländer dies zu vermeiden versuchen, wird es wohl erstmal ein Kampf werden. Das ist allerdings meine sehr persönliche Meinung, meine Prognose.

Rechtsfragen des europäischen Emissionsrechtehandels

RA Dr. Stefan Altenschmidt, LL.M.,
*Freshfields Bruckhaus Deringer LLP, Düsseldorf**

A. Einführung

Der mit der Richtlinie 2003/87/EG eingeführte Handel mit Emissionszertifikaten ist das wichtigste Instrument der europäischen Klimaschutzanstrengungen. Kohlendioxidemissionen haben hierdurch einen Preis erhalten. Nach umweltökonomischen Idealvorstellungen soll dieser dazu beitragen, die völkerrechtlich vorgegebenen Emissionsminderungspflichten Europas volkswirtschaftlich effizient und kostengünstig zu erfüllen.

Aus juristischer Sicht hat das Emissionshandelssystem zu zahlreichen Fragen und Auseinandersetzungen insbesondere vor (deutschen) Verwaltungs- und Verfassungsgerichten sowie dem Europäischen Gerichtshof geführt. Aus der Vielzahl der noch ungeklärten Fälle greift der vorliegende Beitrag zwei heraus, die den Bereich des emissionshandelsrechtlichen Spezialistentums verlassen und über den Rahmen des Klimaschutzes hinaus Grundsatzthemen im Verhältnis zwischen Bürger und Staat betreffen. Das ist zum einen die Frage der finanzverfassungsrechtlichen Vereinbarkeit der mit der Einführung von Zertifikatehandelssystemen verbundenen Kommerzialisierung grundrechtlicher Freiheitsbetätigung (dazu B.) und zum anderen der Aspekt der Verlässlichkeit gesetzgeberischer Zusagen im Lichte des rechtsstaatlichen Vertrauensschutzgrundsatzes (C). Zum Schluss wird noch auf eine aktuelle Entscheidung des nordrhein-westfälischen Oberverwaltungsgerichts vom 3.9.2009 zur Unwirksamkeit der planungsrechtlichen Grundlagen für den Neubau eines großen Steinkohlekraftwerks in Datteln[1] eingegangen (D.). Dieses Urteil gibt Anlass zur Reflektion über das Verhältnis des Raumordnungs- und Bauplanungsrechts zum Emissionshandel.

---

* Der Verfasser bedankt sich bei Frau Rechtsreferendarin Julia Figura für die tatkräftige Unterstützung bei der Ausarbeitung des schriftlichen Beitrages.

1 OVG NRW, Urteil vom 3.9.2009, 10 D 121/07.NE, ZUR 2009, 597 ff.

B. Zur hoheitlichen Versteigerung von Emissionsberechtigungen

Eine der wesentlichen Fragen eines Emissionsrechtehandels ist die Methodik der Erstverteilung der handelbaren Emissionszertifikate. Neben einer kostenlosen Grundausstattung wird hierfür regelmäßig die Möglichkeit einer entgeltlichen Versteigerung hervorgehoben. Die europäische Emissionshandelsrichtlinie geht mit der Versteigerungsoption sehr zurückhaltend um. Den Mitgliedsstaaten ist es insoweit bis 2012 lediglich freigestellt, 10 % der Zertifikate kostenpflichtig zuzuteilen.[2]

Deutschland hat sich mit dem Zuteilungsgesetz 2012 (ZuG 2012) dazu entschieden, den ihm zustehenden Handlungsspielraum fast vollständig auszuschöpfen. § 19 ZuG 2012 sieht insoweit vor, dass in der Zuteilungsperiode 2008 bis 2012 40 Mio. Emissionszertifikate pro Jahr durch den Bund veräußert werden. Mit dieser Veräußerung ist eine nicht unerhebliche Erlöserzielung zu Gunsten des Bundeshaushalts verbunden. Seit Januar 2008 wurden insoweit Einnahmen in einer Höhe von über 1,3 Milliarden Euro erzielt.[3] Die Dimension der durch den Emissionshandel erfolgenden finanziellen Belastung wird ab 2013 noch deutlich größer, wenn etwa sämtliche Zertifikate für die Stromerzeugung kostenpflichtig versteigert werden müssen.[4]

Da die Mitgliedsstaaten gemeinschaftsrechtlich (noch) nicht zur entgeltlichen Veräußerung der Emissionszertifikate verpflichtet sind, ist die Versteigerung in Deutschland rechtlich (auch) am Maßstab des Grundgesetzes zu messen. Die insoweit relevanten Regelungen finden sich insbesondere in der bundesstaatlichen Finanzverfassung, Art. 104a ff. GG. Dies gilt ungeachtet der Ausgestaltung der Zertifikateveräußerung als zivilrechtliches Kaufgeschäft. Der Bund wird im Rahmen des Emissionshandels und der Zertifikatezuteilung nicht bloß fiskalisch wie eine Privatperson tätig. Vielmehr ist die Veräußerung der Emissionsberechtigungen ein Element der staatlichen Ausgabe der Gesamtmenge der zuteilbaren Emissionsberechtigungen im freiheitsbeschränkenden System des Emissionshandels (vgl. § 2 II 2 ZuG 2012).[5] Mit ihr wird ein signifikantes Finanzaufkommen zu Gunsten des Bundes erzielt. Durch die Wahl marktbasierter Instrumentarien (vorliegend des Verkaufs bzw. der Versteigerung) kann sich der Staat hierbei nicht von den Anforde-

2 Art. 10 RL 2003/87/EG a.F.

3 *Bundesministerium für Umwelt, Naturschutz und Reaktorsicherheit, Veräußerung von Emissionsberechtigungen in Deutschland:* Jahresbericht 2008, 1; *dasselbe, Veräußerung von Emissionsberechtigungen in Deutschland:* Monatsbericht Oktober 2009, 1.

4 Vgl. Art. 10 I, 10a I 4 RL 2008/87/EG n. F.

5 *Frenz*, DVBl. 2007, 1385, 1386.

rungen der Finanzverfassung befreien.[6] Die Versteigerungserlöse sind dabei als nichtsteuerliche Abgaben zu bezeichnen. Eine Steuer liegt offensichtlich nicht vor, denn die Erlöserzielung steht unmittelbar in einem rechtlichen Zusammenhang mit dem im Gegenleistungsverhältnis erfolgenden Erwerb von Emissionsberechtigungen.[7]

Die Auferlegung nicht-steuerlicher Abgaben als Ausnahme vom Prinzip des Steuerstaats ist nach der ständigen Rechtsprechung des Bundesverfassungsgerichts als Folge der Schutz- und Begrenzungsfunktion der Finanzverfassung nur unter drei Voraussetzungen zulässig:

1. Nicht steuerliche Abgaben bedürfen über die Einnahmenerzielung hinaus oder an deren Stelle einer besonderen sachlichen Rechtfertigung und müssen sich ihrer Art nach durch ein Gegenleistungsverhältnis (oder ähnlich unterscheidungskräftige Belastungsgründe) deutlich von der Steuer unterscheiden.
2. Ihre Erhebung muss der Belastungsgleichheit der Abgabepflichtigen, die zugleich Steuerpflichtige sind, Rechnung tragen.
3. Der Grundsatz der Vollständigkeit des Haushaltsplans muss berücksichtigt werden.[8]

Die hoheitliche Veräußerung der Emissionsberechtigung wird den Anforderungen der bundesverfassungsgerichtlichen Rechtsprechung jedoch aus mehreren Gründen nicht gerecht.

Es fehlt bereits an der erforderlichen besonderen sachlichen Rechtfertigung für die nichtsteuerliche Abgabenerhebung. Aufzuräumen ist zunächst mit der häufig anzutreffenden Vorstellung, eine entgeltliche Abgabe von Emissionsberechtigungen durch den Staat diene dem Klimaschutz. Die Versteigerung der Emissionsberechtigungen ist für den Klimaschutz irrelevant; sie leistet unmittelbar keinen positiven Beitrag zur CO_2-Reduzierung. Denn die Menge der den Anlagenbetreibern zur Verfügung stehenden Emissionsberechtigungen bleibt durch deren entgeltliche Abgabe unverändert. Die Veräußerung resultiert nicht zwingend in einer Verringerung der Kohlendioxidemissionen. Eine klimaschützende Funktion hat allein die Festlegung der Gesamtmenge der zuteilbaren Berechtigungen, eine klimapolitische Steuerungswirkung ist

6 *Frenz*, DVBl. 2007, 1385, 1386; *Martini/Gebauer*, ZUR 2007, 225, 232; *Ritgen*, AöR 127 (2002), 351, 365.

7 *Burgi/Selmer*, Verfassungswidrigkeit einer entgeltlichen Zuteilung von Emissionshandelszertifikaten, 2007, 22 f.; *Diehr*, Rechtsschutz im Emissionszertifikate-Handelssystem, 2006, 256; *Nawrath*, Emissionszertifikate und Finanzverfassung, 2008, 108; *Sacksofsky*, Rechtliche Möglichkeiten des Verkaufs von Emissionsberechtigungen, 2008, 16; *Frenz*, DVBl 2007, 1385, 1385 f.

8 BVerfGE 93, 319, 342 f.; 108, 1, 16 f.; 108, 186, 215 f.; 110, 370, 387 f.; 113, 128, 147; BVerfG NVwZ 2009, 641, 642.

mit der kostenpflichtigen Zuteilung der Emissionsberechtigungen nicht verbunden.[9] Des weiteren ist mit der Versteigerung von Zertifikaten auch keine Verbesserung der Allokationseffizenz verbunden. Die Vorstellung, eine entgeltliche Abgabe der Zertifikate führe zu einer Vermeidung von Fehlanreizen, da emissionsintensive, veraltete Kraftwerke nicht mehr ausschließlich zur Sicherung zukünftiger Zuteilungsansprüche weiterbetrieben würden, überzeugt nicht.[10] Ihr ist entgegenzuhalten, dass der entscheidende Faktor für den Betrieb eines Kraftwerks die Frage ist, ob die jeweiligen an der Strombörse gebildeten Preise einen die Grenzkosten deckenden Betrieb zulassen. Für diese Frage ist die Zuteilung von Emissionsberechtigungen jedoch völlig irrelevant. Im übrigen stehen auch veralteten Kraftwerken nach dem ZuG 2012 kostenlose Zuteilungsansprüche zu.

Die Versteigerung kann weiterhin auch nicht mit dem Ziel einer Vorteilsabschöpfung finanzverfassungsrechtlich gerechtfertigt werden,[11] da die Zuteilung von Emissionsberechtigungen finanzverfassungsrechtlich kein abschöpfungsfähiger Sondervorteil ist. Für den hier in Rede stehenden Gedanken einer Ressourcennutzungsgebühr hat das Bundesverfassungsgericht in seiner Wasserpfennigentscheidung mit Blick auf die Ordnungsfunktion der Finanzverfassung und das Prinzip des Steuerstaates enge Grenzen gezogen, die durch drei Elemente gekennzeichnet sind: 1. das Betroffensein einer knappen natürlichen Ressource, 2. im Rahmen einer staatlichen Bewirtschaftungsordnung und 3. ein Sondervorteil gegenüber anderen.[12] Diese Grenzen werden im Fall der Versteigerung von Emissionsberechtigungen nicht eingehalten. Im Emissionshandel stehen zunächst keine natürlichen Knappheiten in Rede. Vielmehr geht es um politische Zielsetzungen - die Vermeidung eines weiteren Anstiegs der globalen CO_2-Konzentration in der Atmosphäre. In juristischer Hinsicht sind dabei aber die Nutzung der Luft und die Emission von Kohlendioxid in Deutschland mengenmäßig keinen Begrenzungen unterworfen. Insbesondere die emissionshandelsrechtlichen Bestimmungen enthalten keinerlei verbindliche Emissionsgrenzwerte für Kohlendioxidemissionen und beschränken das Recht der Anlagenbetreiber, Kohlendioxid zu emittieren, nicht. Es fehlt zweitens auch an einer staatlichen Bewirtschaftungsordnung; die Erlaubnis zur Emission von CO_2 steht, anders als die Gestattung der den Gemeingebrauch übersteigenden Nutzung des Wassers, nicht im Ermessen des Staates, sondern ist ein Grundrecht und kein Sondervorteil.[13] Im Emissionshandel übernimmt der Staat bewusst nicht die Bewirtschaftung

9 *Burgi/Selmer* (Fn. 7), 45 f.; *Diehr* (Fn. 7), 244.

10 So jedoch die Beschlussempfehlung des Bundestagsausschusses für Umwelt, Naturschutz und Reaktorsicherheit, BT-Drs. 16/5769, 17.

11 Vgl. BT-Drs. 16/5769, 17.

12 BVerfGE 93, 319, 345 f.

13 *Burgi/Selmer* (Fn. 7), 50.

der Luft und stellt kein verbindliches Nutzungsregime auf. Vielmehr erfolgt die Bewirtschaftung allein durch den Markt und dessen private Teilnehmer, während der Staat lediglich durch staatlich fixierte Eckpunkte unter Zugrundelegung der Marktgesetzlichkeiten positive Effekte erhofft.[14]

Künstlich geschaffene, fingierte Knappheiten reichen für die Zulässigkeit einer nichtsteuerlichen Abgabenerhebung jedoch nicht aus. Der Staat hätte ansonsten ein Instrumentarium für eine vollkommen schrankenlose Abgabenerhebung und damit ein Gebührenerfindungsrecht auch in anderen Bereichen außerhalb des Klimaschutzes in der Hand.[15] Dies könnte zur staatlichen Kommerzialisierung grundrechtlicher Freiheitsbetätigung führen. Dass die Wirtschafts- und Finanzkrise diesbezügliche Begehrlichkeiten wecken dürfte, liegt auf der Hand.

Die mit der Versteigerung der Emissionsberechtigungen verbundene Belastung ist auch mit Grundsatz der Belastungsgleichheit[16] unvereinbar. Das maßgebliche Argument für den Gesetzgeber bestand insoweit in der Abschöpfung vermeintlicher „windfall profits" der Kraftwerksbetreiber - Zusatzerträge durch den emissionshandelsbedingt gestiegenen Strompreis.[17] Derartige „windfall profits" erzielen aber auch die Betreiber von Kernkraftwerken und Wasserkraftwerken, obwohl diese selbst nicht am Emissionshandel teilnehmen, denn der Strompreis ist für alle Arten von Kraftwerken ein einheitlicher.[18] Mit dem Grundsatz der Belastungsgleichheit ist es damit aber nicht vereinbar, etwaige Zusatzerträge allein bei emissionshandelspflichtigen Anlagen abzuschöpfen, den nicht emissionshandelspflichtigen Anlagen diese Zusatzerträge aber zu belassen. Für die vom Gesetzgeber beabsichtigte Gewinnabschöpfung sind nicht-steuerliche Abgaben als an die Zuteilung von Emissionszertifikaten anknüpfende Vorzugslasten ungeeignet.

Es sei nur am Rande noch erwähnt, dass auch die Vollständigkeit des Haushaltsplans nicht ausreichend berücksichtigt zu sein scheint, da der Haushaltsplan für 2008 insofern nur einen Leertitel aufweist.[19]

Zum Komplex der Versteigerung von Emissionsberechtigungen soll abschließend noch auf folgendes hingewiesen werden: Ab 2013 schreibt die durch

---

14 *Burgi/Selmer* (Fn. 7), 52; *Hohmuth,* Emissionshandel und deutsches Anlagenrecht, 2006, 233 f.; *Frenz,* Emissionshandelsrecht, 2. Aufl. 2008, ZuG 2012, § 19 Rn. 19; *Burgi*, NJW 2003, 2486, 2491; *Dorf*, DÖV 2005, 950, 954.

15 *Kirchhof,* in: Isensee/Kirchhof (Hrsg.), Handbuch des Staatrechts, Bd. V, 3. Aufl. 2007, § 119 Rn. 37; *Siekmann*, in: Sachs (Hrsg.), Kommentar zum GG, 5. Aufl. 2009, Vor Art. 104a Rn. 99; *Raber*, NVwZ 1997, 219, 221; *v. Mutius/Lüneburger*, DVBl. 1995, 1205, 1207.

16 BVerfGE 93, 319, 342 f.; 108, 1, 16 f.; 110, 370, 386.

17 Beschlussempfehlung des Bundestagsausschusses für Umwelt, Naturschutz und Reaktorsicherheit, BT-Drs. 16/5769, 17.

18 *Dienes*, Energiewirtschaftliche Tagesfragen, Heft 12 2007, 82, 85.

19 Bundeshaushaltsplan 2008, Stelle 13301-332.

die Richtlinie 2009/29/EG geänderte Emissionshandelsrichtlinie 2003/87/EG den Mitgliedstaaten verpflichtend die Versteigerung des größten Teils und spätestens ab 2027 sogar sämtlicher Zertifikate ebenso vor wie eine gewisse Zweckbindung der Erlöse.[20] Dies betrifft hohe Milliardenbeträge und tangiert somit das Budgetrecht des Bundestags. Es erscheint nachdenkenswert, ob sich hierdurch nicht die vom Bundesverfassungsgericht in seiner Lissabon-Entscheidung[21] aufgeworfene Frage der durch das Budgetrecht des Parlaments begründeten Integrationsschranke stellt. In den nächsten Jahren wird zu klären sein, ob die noch nicht einmal dem Einstimmigkeitsprinzip unterfallende Änderung der Emissionshandelsrichtlinie wirklich so weit gehen kann, die Schutz- und Begrenzungsfunktion der deutschen Finanzverfassung im Hinblick auf derartige Lasten auszuhebeln und dem Staat einen weiteren Zugriff auf die nicht unerschöpflichen finanziellen Ressourcen der Bürger zu ermöglichen.

C. Zur Streichung der Zuteilungsgarantien

Im Weiteren soll der Frage der Streichung der Zuteilungsgarantien aus dem Zuteilungsgesetz 2007 (ZuG 2007) nachgegangen werden. Die mit dem Emissionshandel verbundenen Belastungen der Anlagenbetreiber geraten mit den Erfordernissen langfristiger Planungs- und Investitionssicherheit in Konflikt. Der deutsche Gesetzgeber hat das bei der Einführung des Emissionshandels erkannt. Durch die Gewährung langfristiger Ansprüche auf kostenlose Zuteilungen von Emissionsberechtigungen hat er einen angemessenen Ausgleich geschaffen. So wurde 2004 etwa für Neuanlagen in § 11 ZuG 2007 eine 14jährige kostenlose Zuteilung auf der Basis der besten verfügbaren Techniken vorgesehen, Klimaschutz und Investitionssicherheit gingen Hand in Hand. § 11 ZuG 2007 formuliert dabei ausdrücklich, dass die Zuteilung für Neuanlagen für die ersten 14 Betriebsjahre erfolgt. Dies stellt nicht nur eine bloße, mehr oder weniger verbindliche, Absichtszusage dar. Vielmehr wurde ein subjektiv-öffentlicher Rechtsanspruch geschaffen.[22] Folglich gewähren die Zuteilungsgarantien einen einklagbaren Rechtsanspruch.

Der Gesetzgeber des Zuteilungsgesetzes 2012 hat diesen Rechtsanspruch allerdings knapp drei Jahre nach seiner Schaffung durch § 2 S. 3 ZuG 2012 wieder gestrichen – und zwar auch mit Wirkung für die Anlagenbetreiber, die durch die zuvor erfolgte Inbetriebnahme von Neuanlagen diesen 14jährigen Zuteilungsanspruch bereits erworben hatten. Anlass für diese Streichung war dabei keine autonome Entscheidung der deutschen Politik. Vielmehr hatte

20 Art. 10a XI RL 2003/87/EG n.F.
21 BVerfG NJW 2009, 2267, 2273.
22 Vgl. BT-Drs. 15/3224, 8.

die Europäische Kommission in ihrer Entscheidung zum deutschen NAP II vom 29. November 2006 diese Streichung von Deutschland verlangt und sich hierbei etwa auf Beihilfeerwägungen gestützt.[23]

Die Streichung der Zuteilungsgarantien verletzt den rechtsstaatlichen Vertrauensschutzgrundsatz und ist daher verfassungswidrig. Die betroffenen Anlagenbetreiber haben einen Anspruch auf die Aufrechterhaltung der nach den Zuteilungsgarantien bestehenden, höheren Zuteilungsansprüche.

Die Streichung der Zuteilungsgarantien ist dabei ungeachtet der Entscheidung der Europäischen Kommission und des grundsätzlichen Vorrangs des Gemeinschaftsrechts am Maßstab des Grundgesetzes zu messen. Denn die Entscheidung der Europäischen Kommission ist nichtig und entfaltet nach ihrer anzustrebenden Aufhebung durch den Europäischen Gerichtshof keine den deutschen Grundrechten entgegenstehende Rechtswirkung.

Die Nichtigkeit der Kommissionsentscheidung beruht auf diversen materiellen Erwägungen und ist auch formell offenkundig: Die Entscheidung ist auf eine Ermächtigungskompetenz aus der Emissionshandelsrichtlinie 2003/87/EG gestützt. Nach Art. 9 III der bisher gültigen Fassung dieser Richtlinie stand der Kommission für ihre Entscheidung über den deutschen NAP aber nur ein Zeitraum von drei Monaten zur Verfügung. Der NAP 2012 wurde am 30.06.2006 nach Brüssel übersandt, wo er am 04.07.2006 einging. Die Entscheidungsfrist endete also am 04.10.2006. Die Entscheidung wurde jedoch erst am 29.11.2006 getroffen, sodass die Frist bereits lange abgelaufen war, als die Kommission tatsächlich entschied. Das Europäische Gericht 1. Instanz hat die Wirkung der maßgeblichen Fristbestimmung als Ausschlussfrist, nach deren Ablauf eine gleichwohl erfolgende Kommissionsentscheidung nichtig ist, bereits mehrfach betont.[24] An der Nichtigkeit der Entscheidung auch zum deutschen NAP II besteht somit schon aus formellen Gründen kein ernstlicher Zweifel.

Die Entscheidung begegnet aber auch Zweifeln an der materiell-rechtlichen Richtigkeit. Es erscheint fraglich, ob die kostenlose Zuteilung von Zertifikaten, wie die Kommission meint, eine Beihilfe i.S.v. Art. 87 EGV darstellt. Bei der Berechtigungszuteilung handelt es sich vorrangig nicht um eine Begünstigung. Vielmehr geht es ausschließlich um die Herstellung der Verhältnismäßigkeit für den durch die Einführung des Emissionshandelssystems entstehenden Grundrechtseingriff.[25] Eine Beihilfe ist auch deswegen nicht gegeben, weil es sich bei der kostenlosen Zuteilung nicht um eine Vorteilsgewährung aus staatlichen Mitteln handelt und damit keine Belastung

23 Entscheidung der Europäischen Kommission vom 29.11.2006, Rn. 20 ff.

24 EuG Slg. 2005, II-4807 Rn. 54 f. – Vereinigtes Königreich und Nordirland./.Kommission; Slg. 2007, II-1195 Rn. 104, 106 – EnBW Baden-Württemberg AG./.Kommission.

25 *Martini*, Der Markt als Instrument hoheitlicher Verwaltungslenkung, 2008, 788 f.

des Staatshaushaltes vorliegt.[26] Dabei scheidet eine indirekte Belastung durch einen Verzicht auf Einnahmen des Staates schon deshalb aus, weil Deutschland gem. Art. 10 S. 2 der Emissionshandelsrichtlinie verpflichtet ist, mindestens 90% der Zertifikate kostenlos zuzuteilen. Damit besteht jedoch ein signifikanter Unterschied zu den Wertungen des europäischen Beihilferechts: Beihilfen sind gemeinschaftsrechtlich grundsätzlich unzulässig und nur ausnahmsweise erlaubt, während die kostenlose Zuteilung von Emissionszertifikaten nach der Konstruktion der Emissionshandelsrichtlinie der gemeinschaftsrechtliche Regelfall ist. Des Weiteren stellt die kostenlose Zuteilung auch keine Bedrohung des innergemeinschaftlichen Wettbewerbs dar, da es keine Regelung gibt, die den Mitgliedsstaaten die Gewährung von zuteilungsperiodenübergreifenden Regelungen untersagt und diese somit bei der Ausgestaltung der nationalen Zuteilungsregeln nach Maßgabe der Richtlinie 2003/87/EG a.F. frei sind.[27] Unterschiedliche mitgliedstaatliche Ausgestaltungen des Zuteilungsregimes können damit aber nicht den Vorwurf der Wettbewerbsverzerrung auslösen.

Ist die Streichung der Zuteilungsgarantien damit aber am Maßstab des Grundgesetzes zu messen, stellt sich die Frage der Vereinbarkeit insbesondere mit dem Grundsatz des Vertrauensschutzes. Dieses insbesondere aus dem Rechtsstaatsprinzip aber auch aus dem Eigentumsgrundrecht abgeleitete Prinzip fordert, dass das für den Bürger verbindliche Recht Bestand behält und nicht nachträglich durch eine andere Regelung ersetzt wird.[28] Der Vertrauensschutzgrundsatz fordert nach seiner Ausprägung durch das Bundesverfassungsgericht 1. eine Vertrauensgrundlage in Gestalt eines verbindlichen staatlichen Rechtsaktes, 2. daran anknüpfende Erwartungen und Dispositionen des Bürgers als Vertrauensbetätigung, 3. die Schutzwürdigkeit der Vertrauenshaltung des Bürgers und 4. den Vorrang des Vertrauensschutzes gegenüber eventuell entgegenstehenden öffentlichen Interessen.[29]

Im Zusammenhang mit dem Vertrauensschutzgrundsatz wird regelmäßig zwischen der sog. echten und der sog. unechten Rückwirkung unterschieden[30] oder, um die Begrifflichkeit des 2. Senats des Bundesverfassungsgerichts aufzugreifen, zwischen der Rückbewirkung von Rechtsfolgen und der tatbestandlichen Rückanknüpfung.[31] Die begriffliche Unterscheidung ist dabei rechtlich von erheblicher Bedeutung, da die echte Rückwirkung grund-

26 Vgl. EuGH Slg. 2001, I-2099 Rn. 54 ff. – PreussenElektra.

27 *Burgi*, Ersatzanlagen im Emissionshandelssystem, 2004, 62 ff.

28 BVerfGE 13, 261, 271.

29 *Maurer*, in: Isensee/Kirchhof (Hrsg.), Handbuch des Staatsrechts, Bd. IV, 3. Aufl. 2006, § 79 Rn. 13.

30 BVerfGE 11, 139, 145 f., 14, 288, 297 f.; 21, 117, 131 f.; 25, 371, 403 f., 406; 30, 367, 385 f.; 30, 392, 401 ff; 109, 133, 181.

31 BVerfGE 63, 343, 353; 72, 200, 241 ff.

sätzlich unzulässig ist, während die unechte Rückwirkung grundsätzlich zulässig ist.[32]

Da von der Streichung der Zuteilungsgarantien der bereits abgeschlossene Zeitraum der 1. Handelsperiode von 2005 bis 2007 unmittelbar nicht erfasst ist und die Zuteilungsansprüche lediglich mit Wirkung für die Zukunft geschmälert werden, liegt zunächst der Gedanke an eine bloß unechte Rückwirkung und damit eine grundsätzliche Zulässigkeit der Vertrauensbeeinträchtigung nahe. Diese Einordnung würde aber der besonderen Qualität der Zuteilungsgarantien und der dahinterstehenden gesetzgeberischen Absicht nicht gerecht. Bei den Zuteilungsgarantien handelt es sich um befristete Gesetzesregelungen im Sinne der Bestimmung von Mindestfristen, deren ausdrücklich vom Gesetzgeber beabsichtigter Sinn es war, aufbauend auf ihrem Bestand bereits in den Jahren 2005 bis 2007 längerfristig zu planen und auf den Schutz entsprechender Dispositionen vertrauen zu dürfen.[33] Damit hat der Gesetzgeber, wie oben dargestellt, eine verbindliche Regelung geschaffen, die bereits einen Rechtsanspruch ausgelöst hat. Er greift mit der Aufhebung der Zuteilungsgarantien somit in eine bereits bestehende Rechtsposition ein und trifft nicht nur eine Regelung, die ex nunc wirkt, sondern ex tunc. Der Rechtsinhaber durfte durch die zeitliche Selbstbindung des Gesetzgebers auch darauf vertrauen, dass das zugesicherte Recht nicht nachträglich ausgetauscht wird. Die vorzeitige Aufhebung einer derartigen Zusicherung und Selbstbindung des Gesetzgebers ist damit aber an den Maßstäben zu messen, wie sie für eine echte Rückwirkung Geltung entfalten. *Hartmut Maurer* hebt hierzu zu Recht hervor, dass die gesetzliche Fixierung einer Mindestfrist mehr wert sein muss als eine unbefristete Regelung, deren Abänderbarkeit jederzeit erfolgen kann. Entscheidet sich der Gesetzgeber ausdrücklich und freiwillig für eine Rechtsanspruchsgewährung mit Mindestfrist, schafft er damit einen besonderen Vertrauenstatbestand.[34]

Der Eingriff in diesen besonderen Vertrauenstatbestand ist damit auf Grund der echten Rückwirkung grundsätzlich ausgeschlossen. Eine Ausnahme ist hiervon nur dann zulässig, wenn es an einem schutzwürdigen Vertrauen der Betroffenen fehlt oder schwere Nachteile für wichtige Gemeinschaftsgüter zu befürchten wären.[35] Ansonsten bliebe es beim Bestand der vertrauensgewährleistenden Regelungen. Beides ist vorliegend aber nicht ersichtlich. Bis zur Entscheidung der Europäischen Kommission über den deutschen NAP II

32 BVerfGE 14, 288, 297 f.; 21, 117, 131 f.; 30, 367, 385 f.; 97, 67, 78; 95, 67, 78; 101, 239, 263; 114, 258, 300, st. Rspr.

33 BT-Drs. 15/3237, 13; BT-Drs. 15/2966, 21.

34 *Maurer,* Rechtsgutachten zur Frage, ob § 2 S. 3 Zuteilungsgesetz 2012, der die periodenübergreifenden Regelungen des Zuteilungsgesetzes 2007 beseitigt, mit dem Grundgesetz vereinbar ist, 2009, 13.

35 BVerfGE 13, 261, 271 f.; 30, 367, 387 ff.; 101, 239, 263 f.

vom 29.11.2006 wurde der Fortbestand der Zuteilungsgarantien aus dem ZuG 2007 nicht in Frage gestellt. Vielmehr ging der von der Bundesregierung vorgelegte und dann von der Kommission kritisierte NAP II ausdrücklich von ihrer weiteren Geltung aus.[36] Somit gab es aber bis zu diesem Zeitpunkt keinerlei Anlass, an der Gültigkeit der Zuteilungsgarantien zu zweifeln. Dies ist ein entscheidender Unterschied zu der vom Bundesverfassungsgericht entschiedenen Konstellation einer langfristigen Förderungszusage im Recht der erneuerbaren Energien, bei der es von Beginn an durchgreifende Zweifel an der dort zugrundeliegenden Rechtslage gab.[37] Zwingende Gründe des Gemeinwohls, die für die Streichung der emissionshandelsrechtlichen Zuteilungsgarantien sprechen, liegen nicht vor und wurden vom Gesetzgeber auch nicht als Begründung herangezogen. Im gesamten Gesetzgebungsverfahren des ZuG 2012 wurde die Streichung der Zuteilungsgarantien vielmehr ausschließlich mit dem entsprechenden Verlangen der Europäischen Kommission begründet.[38] Ist dieses aber gemeinschaftsrechtswidrig und die Kommissionsentscheidung folglich nichtig, fällt diese Begründung in sich zusammen. Klimaschutzerwägungen spielen zudem deshalb keine Rolle, weil mit den Zuteilungsgarantien keine Ausweitung des CO_2-Budgets verbunden ist, sondern die vorhandene Gesamtmenge der Emissionszertifikate lediglich anders verteilt wird.

Die sich auf die Zuteilungsgarantien berufenden Anlagenbetreiber, entsprechende Gerichtsverfahren sind vielfach anhängig, haben daher Chancen auf eine Mehrzuteilung von Emissionsberechtigungen jedenfalls bis 2012.

D. Zum Verhältnis des Emissionshandelsrechts zum Raumordnungs- und Bau-Planungsrecht

Zum Abschluss dieses Beitrags soll der Bereich der Regelungen über die Zuteilung von Emissionsberechtigungen verlassen und kurz auf das Verhältnis des Emissionshandelsrechts zum Raumordnungs- und Bauplanungsrecht eingegangen werden.

Am 3.9.2009 hat der 10. Senat des Oberverwaltungsgerichts für das Land Nordrhein-Westfalen in einer viel beachteten Entscheidung den Bebauungsplan Nr. 105 der Stadt Datteln für unwirksam erklärt.[39] Dieser Bebauungsplan ist die bauplanerische Grundlage für den bereits begonnenen Bau des größten und modernsten Steinkohlekraftwerks Europas mit einem Investitionsvolu-

36 NAP II vom 28.6.2006, 8; 29.
37 BVerfG NVwZ 2009, 1025, 1029.
38 Vgl. BT-Drs. 16/5240, 24.
39 OVG NRW, ZUR 2009, 597 ff.

men von über 1,2 Mrd. Euro. Ein großer Teil der Bauarbeiten ist seit dieser Entscheidung eingestellt, kontroverse politische Debatten über die Zukunft des nordrhein-westfälischen Kraftwerkserneuerungsprogramms im Allgemeinen und die Zukunft der Steinkohleverstromung im Besonderen haben begonnen.

Das Urteil des 10. Senats überrascht insbesondere durch seine klimaschutzrechtlichen Begründungsansätze. Der Senat stellt diesbezüglich heraus, der aus dem Jahr 1995 stammende raumordnungsrechtliche Landesentwicklungsplan NRW beabsichtige eine Reduzierung von Kohlendioxidemissionen und verlange für die Realisierung von Kraftwerksplanungen, dass ein Fortschritt in der CO_2-Bilanz erreicht wird.[40] Das Gericht ließ dabei offen, ob es sich hierbei um ein verbindliches Ziel der Raumordnung oder um einen abwägungsfähigen Grundsatz handelt.[41] Jedenfalls habe die kommende Bauleitplanung im Zusammenhang mit der Errichtung eines neuen Großkraftwerkes die Reduktion von Treibhausgasen sicherzustellen. Namentlich wird dabei die Abschaltung bestehender Kraftwerkskapazitäten angesprochen, die auf der Ebene der Bauleitplanung vorzusehen sei.[42]

Das Urteil des 10. Senats ist zu Recht auf Kritik gestoßen. Es stellt eine deutliche Überforderung der Ebene der kommunalen Bauleitplanung dar, derartige Lösungsbeiträge zum Problem der globalen Treibhausgasemissionen zu verlangen. Der Senat lässt auch unberücksichtigt, dass die von ihm angedachte Kompensation neuer Kraftwerkskapazitäten durch die Abschaltung aller Kraftwerke nur von den etablierten Kraftwerksbetreibern geleistet werden könnte. Dies steht aber in deutlichem Kontrast zur politischen Zielsetzung einer Wettbewerbsförderung im Stromerzeugungsbereich, da ein Unternehmen, das bislang keine Kraftwerke betrieben hat, ein derartiges Kompensationsgeschäft nicht vornehmen kann. Entscheidend ist zudem, dass der 10. Senat des OVG den Emissionshandel unberücksichtigt lässt. Der Landesentwicklungsplan, auf den sich das Gericht stützt, stammt aus dem Jahr 1995. Das Kyoto-Protokoll von 1998 war damals noch nicht existent, ebenso wenig die aus dem Jahr 2003 stammende Emissionshandelsrichtlinie 2003./87/EG.

Aus dieser Richtlinie kann ein Vorrang des Emissionshandelssystems für die von Großkraftwerken zu erbringenden Klimaschutzbeiträge entnommen werden. Die Gemeinschaft hat sich dazu entschieden, ihren Beitrag zur Bekämpfung des globalen Treibhauseffekts durch das umweltökonomische Instrument des Emissionsrechtehandels zu erfüllen. Es sollen die von wirtschaftlichen Erwägungen getragenen Entscheidungen der Verursacher von Kohlendioxidemissionen selbst sein, die auf der Basis staatlich festgelegter

40 OVG NRW, ZUR 2009, 597, 599.
41 OVG NRW, a.a.O., 601.
42 OVG NRW, ebenda.

Gesamtbudgets zur volkswirtschaftlich günstigsten Erreichung der Klimaschutzziele führen. Diese Zielsetzung wird gefährdet und konterkariert, wenn aus älteren raumordnungsrechtlichen Planvorstellungen plötzlich vermeintlich verbindliche Vorgaben für die Bauleitplanung gewonnen werden, die bestenfalls mit zusätzlichen und effizienzverhindernden Kosten verbunden sind und schlimmstenfalls zur Erschwerung oder gar zum Unterlassen der notwendigen Erneuerung des Kraftwerksparks führen. Der 10. Senat des OVG NRW hätte gut daran getan, zu fragen, ob der Emissionshandel nicht dazu geführt hat, dass die früheren Aussagen des LEP von 1995 zu Klimaschutzbeiträgen von Großkraftwerken obsolet geworden sind und ihre Wirkung verloren haben.

Es wird nunmehr an der nordrhein-westfälischen Landesregierung und dem Landtag liegen, durch die bereits angekündigte Änderung des Landesplanungsrechts gerichtsfeste raumordnungsrechtliche Voraussetzungen für den notwendigen Neubau von modernen und zum Klimaschutz beitragenden Steinkohlekraftwerken zu schaffen und in diesem Zusammenhang auch eine Klärung des Verhältnisses des im TEHG geregelten Klimaschutzes zu bauleitplanerischen Festsetzungen herbeizuführen. Der erste gesetzgeberische Schritt hierzu ist am 17.12.2009 mit der vom nordrhein-westfälischen Landtag beschlossenen Aufhebung des § 26 des Gesetzes zur Landesentwicklung (LEPro), dem das OVG NRW dem Bau neuer Steinkohlekraftwerke vermeintlich entgegenstehende klima- und energieträgerspezifische Vorgaben entnommen hat, erfolgt.[43]

43 Vgl. LT-Drs. 14/10387 v. 11.12.2009.

Abschlussdiskussion

Zusammenfassung:
Anke Eggert, Doktorandin am Institut für öffentliches Wirtschaftsrecht, Universität Münster

Die Abschlussdiskussion am Freitag wurde von Prof. Dr. *Herrmann*, LL.M., (Universität Passau) eröffnet, der sich an Herrn *Schloemann*, LL.M., (Bernzen Sonntag Rechtsanwälte, Genf) richtete und dabei feststellte, dass dieser in seinem Vortrag die Zweidimensionalität des Emissionshandels aufgezeigt habe, den ökologischen Ansatz und den Wettbewerbsaspekt. Er selbst habe über Border Tax Adjustment (BAT) schon oft diskutiert mit Roland Ismer, einem Kollegen, der über „Klimawandel als Rechtsproblem" an der Universität München habilitiert hat (wurde). Er habe sich dabei sehr unwohl gefühlt, weil man bei einer ablehnenden Haltung ein schlechtes Gewissen hat und viele der aufgeworfenen Fragen so wenig überzeugend lösbar erscheinen. Prof. *Herrmann* stellt daher bewusst provokativ die These auf, dass ein BAT, gleich wie man es ausgestaltet und ebenso wie die Versteigerung von Emissionszertifikaten, „ökoblind" ist. Selbst wenn man BAT am Emissionshandelssystem beteilige, spielt es seiner Ansicht nach keine Rolle, ob die Produktion klimafreundlich abgelaufen ist oder nicht. Entscheidend sei allein, dass vielleicht Kohlendioxid emittiert worden ist, sodass die gewünschten ökologischen Effekte diffundieren. Die konkrete Kohlendioxidlast in einem bestimmten Produkt werde sich voraussichtlich nie nachweisen lassen. Deshalb kam Prof. *Herrmann* zu dem Ergebnis, dass die Wettbewerbsdimension deutlich im Vordergrund steht und sich besonders die Frage nach der Vereinbarkeit mit WTO-Recht stellt.

Herr *Schloemann* entgegnete darauf, dass Art. XX GATT sicher nicht weiterhilft, wenn ein ökologischer Effekt nicht nachgewiesen ist. In der Sache stimmt er aber Prof. Herrmann nicht zu, da man – zumindest aus heutiger Sicht – einen positiven Effekt konstruieren könne. Der Appellate Body sei in dem Fall Brazil Tyres sehr großzügig gewesen, da die Brasilianer nur ein stimmiges Gesamtsystem darlegen mussten, also in diesem Fall war nur erforderlich, dass es qualitativ nahelag, dass der gewünschte Effekt (Gesundheitsschutz) erzielt wird. Auch ökonomische Vermittlungsmechanismen seien gerade als zulässig beurteilt worden. Zwar habe er in seinem Vortrag davor gewarnt, die Wettbewerbsaspekte in den Vordergrund zu stellen, sie seien aber nicht per se illegal. Er konzedierte zwar, dass der Nachweis ein großes

Problem darstelle, aber aus juristischer Sicht sei der Appellate Body diesbezüglich sehr großzügig verfahren.

Herr *Körner* begrüßte anschließend ausdrücklich, dass Herr Dr. *Altenschmidt*, LL.M., (Freshfields Bruckhaus Deringer) den Emissionsrechtehandel am deutschen Finanzverfassungssystem gemessen und als Ergebnis die materielle Verfassungswidrigkeit angenommen habe. Er gab aber zu bedenken, dass schon hinsichtlich der formellen Verfassungsmäßigkeit Bedenken bestehen. Es sei fraglich, ob die europäische Vorgabe nicht unzulässig in das interne Kompetenzsystem der Finanzverfassung des Grundgesetzes eingreife, da die Gesetzgebungskompetenz und Ertragshoheit bei dieser nicht-steuerlichen Abgabe bei den Bundesländern liege.

Herr Dr. *Altenschmidt* führte dazu aus, dass die Ertrags- und Gesetzgebungskompetenz für diese nicht-steuerliche Abgabe seiner Ansicht nach beim Bund liege, da dieser die Sachkompetenz für den Emissionshandel besitze. Interessant seien aber die Auswirkungen auf das Bund-Länder-Finanzverhältnis, da die an den Bund gezahlten Erlöse steuermindernd von Unternehmen geltend gemacht werden können, was zu Einnahmeverlusten bei Ländern und Gemeinden führe. Es bestehe mit zunehmender Versteigerungsrate großer Adjustierungsbedarf zugunsten der Länder. Zudem sprach Dr. *Altenschmidt* sich gegen eine nicht-einstimmige EG-Kompetenz aus; der Einwand, dass es sich um keine EG-Steuer handele, sei zu formal.

Daran anschließend stimmte Frau Dr. *Desens* (Universität Münster) dem Vortrag von Dr. *Altenschmidt* insoweit zu, dass mangels europäischer Maßstäbe die hoheitliche Versteigerung nur an der Finanzverfassung gemessen werden könne. Die Prüfung anhand der entwickelten Maßgaben für nicht-steuerliche Abgaben bezweifelt sie jedoch, da die Einstufung als Abgabe fraglich sei. Es bestehe nicht ein gesetzlicher Tatbestand, an den Rechtsfolgen geknüpft werden, sondern ein Kaufvertrag, dessen Preis am Markt ausgehandelt wird. Ähnlichkeiten bestünden eher mit der Versteigerung der UMTS-Lizenzen, zu deren Einstufung das BVerfG jedoch nicht Stellung bezogen habe. Ihrer Ansicht nach sind die Versteigerungserlöse wohl am ehesten Sonderabgaben mit Lenkungsfunktion, sodass ein legitimer Sachzweck sowie eine abgrenzbare homogene Gruppe erforderlich sind. Dieser Sachzweck könne auch im Klimaschutz gesehen werden, im Ergebnis sei daher ein Verstoß gegen die Finanzverfassung abzulehnen. Zusätzlich führte Frau Dr. *Desens* an, dass die Zweckbindung der Erlöse in der neuen Emissionshandelsrichtlinie keinen Bedenken begegnet im Hinblick auf das Budgetrecht des Bundestages, auch im Anbetracht der Lissabon-Entscheidung des BVerfG, da insoweit hinreichende Gestaltungsspielräume verbleiben.

Herr Dr. *Altenschmidt* erwiderte dazu, dass das BVerfG auf die Erzielung einer Aufkommenswirkung zugunsten der staatlichen Haushalte abstelle.

Zweifelhaft könne daher nicht die Einordnung als Abgabe sein, sondern allein der Charakter als Sonderabgabe. Die vom BVerfG geforderte gruppennützige Verwendung der Erlöse sei im Emissionshandel nicht sichergestellt. Zudem wies er darauf hin, dass das BVerfG im Urteil zur Absatzförderung in der Landwirtschaft die Schutz- und Begrenzungsfunktion der Finanzverfassung betont habe. Eine Rechtfertigung über das Instrument der Sonderabgabe hält er daher für nicht möglich.

Herr *Niepon* (Universität Münster) stellte im Anschluss zunächst die Frage, ob dem Problem der Abwanderung bei „Carbon Leakage" nur auf WTO-Ebene begegnet werden könne. Herr Schloemann betonte, dass es zwar wünschenswert wäre, wenn diesem Problem auf WTO-Ebene entgegengewirkt würde, glaubt aber, dass höchstens eine Annäherung und Einbindung der kritischen Masse der emittierenden Länder mit gewissen Randverlusten zu verwirklichen ist. Herr *Görlach* (Ecologic Institute, Berlin) wies zusätzlich darauf hin, dass das theoretische Ideal eines weltweiten Klimaregimes in naher Zukunft unrealistisch erscheine, eine Regelung auf WTO-Ebene sei die zweitbeste Lösung, aber praktisch ebenfalls wohl nicht zu verwirklichen. Daher ist seine Vermutung, dass es bei der drittbesten Lösung, der kostenlosen Zuteilung oder anderer Arten von Beihilfen, bleibt. Dies sei nur die drittbeste Lösung, weil es an der Kostenkalkulation und der Ursache des zugrundeliegenden Problems nicht viel ändere, sodass die Wettbewerbsfähigkeit eines europäischen Unternehmens trotzdem eingeschränkt bleibe.

Herr *Niepon* möchte überdies wissen, wie die Konkurrenzprobleme im Zusammenhang mit dem Klimaschutz zu sehen sind. Bei der Schwerpunktsetzung im Klimaschutz werde evtl. übersehen, dass Produkte zwar einen geringen Kohlendioxidausstoß hervorrufen, aber in anderen Umweltbereichen Schäden bedingen. Herr *Görlach* ist diesbezüglich der Ansicht, dass der Verschärfung anderer Umweltprobleme auf lokaler Ebene begegnet werden müsse und nicht im Emissionshandelsrecht. Anders könne es allerdings sein, wenn die anderen Umweltfolgen zu mehr Kohlendioxidausstoß führen, sodass schon das eigentliche Ziel verfehlt wird.

Herr Dr. *Franken* (Bundesministerium für Ernährung, Landwirtschaft und Verbraucherschutz, Berlin) regte im Hinblick auf den Vortrag von Herrn *Schloemann* an, die Fragen von Klimaschutz- und Sozialstandards bei Art. XX GATT zu verankern, weil die Prüfung im Rahmen von Art. III GATT nicht zur bisherigen Auslegung dieses Artikels durch den Appellate Body und nicht zur Systematik des GATT passe sowie im Rahmen des Art. XX a) GATT der „necessity-Test" ein sehr scharfes Schwert sei. Dies habe zuletzt die Entscheidung des Panels im Fall „China Audiovisuals" gezeigt. Herr *Schloemann* führte als Antwort aus, dass der Appellate Body in „EC - Asbestos" Art. III GATT und nicht Art. XX GATT für einschlägig gehalten habe. Es sei, auch im Hinblick auf Beweislastprobleme günstiger, wenn schon der Tatbestand entfällt und nicht erst der Verstoß auf Rechtfertigungsebene abgelehnt wird. Seiner Ansicht nach seien sich der „necessity-Test" in Art. XX GATT und der Maßstab in Art. III GATT im Ergebnis sehr ähnlich. Der Appellate Body habe in „Brazil Tyres" nur eine Plausibilitätskontrolle vorgenommen und dabei Synergieeffekte nicht nachgeprüft.

Herr Dr. *Pitschas*, LL.M., (Bernzen Sonntag Rechtsanwälte, Genf) bereicherte die Diskussion zur Abgrenzung zwischen Art. III und Art. XX GATT noch um einen weiteren Aspekt. Seiner Ansicht nach sei die Einstufung von Dr. *Franken* bei Art. XX richtig, da es bei der Frage der Gleichartigkeit der Produkte um ein Wettbewerbsverhältnis geht. In der Entscheidung „EC - Asbestos" stand fest, dass das Produkt karzinogen und damit der Gesundheitsschutz betroffen war, sodass im Gegensatz zu Produkten, bei denen Treibhausgasemissionen entstanden sind, der Nachweis für das jeweilige Produkt eindeutig geführt werden konnte. Die Problematik unterscheide sich also so erheblich, dass sie aus systematischer Sicht bei Art. XX GATT anzusiedeln sei.

Frau *Vorbeck* (Universität Münster) stellte sodann angesichts der EU-Vorgaben, die für die dritte Zuteilungsperiode eine Minderung von 21% vorsehen, die Frage an Herrn *Görlach*, wieweit eine Reduzierung überhaupt durch die ökonomischen Effekte des Emissionshandelns bewirkt werden kann oder ob dieses Instrument nicht irgendwann an eine Grenze stößt, ab der eine weitere Reduzierung nicht mehr möglich ist. Grundsätzlich gibt es nach Auffassung von Herrn *Görlach* jedoch keine feste Grenze für die durch den Emissionshandel bewirkten Effekte. Je knapper die Zertifikate werden, desto höher steige aber auch der Preis. Er gab daher zu bedenken, dass aus politischer Sicht ab einer gewissen Höhe des Preises das System insgesamt in Frage gestellt werden könnte.

Herr *Karrenstein* (Universität Münster) schloss die Diskussionsrunde ab mit der an Herrn *Ebsen* (EcoSecurities, Oxford) und Herrn *Görlach* gerichteten Frage, inwiefern aus ökonomischer Sicht die zusätzliche Besteuerung von CO_2-intensiven Produkten überhaupt sinnvoll ist oder ob die Besteuerung dem Zertifikatehandel nicht von vornherein unterlegen ist. Darauf aufbauend erkundigte er sich, ob lokale Effekte in der Praxis eine Rolle spielen, ob also Vorkehrungen getroffen worden sind, um zu verhindern, dass sich in bestimmten Ländern schwere Industrie überproportional stark ansiedelt.

Lokale Emissionsherde stellen nach Auffassung von Herrn *Ebsen* aufgrund des Wesens der Treibhausgase aber kein Problem dar, da diese keinerlei nachteilige lokale Effekte hervorrufen. Die beiden Systeme der Besteuerung und des Emissionshandels seien im Ergebnis identisch, wenn durch die Steuer genau der Preis gefunden wird, der sich auch durch das Mengensystem einspielen würde. Der Unterschied sei, dass im Emissionshandelssystem die Menge fest ist und der Preis fluktuiert und im anderen System der Preis fest ist und die Menge fluktuiert. Seiner Ansicht setzt sich die Mengenlösung durch, weil ein Mengenziel von der Mehrheit favorisiert wird, die Volatilität des Preises könne wie beim Öl etc. durch den Handel gelöst werden. Herr *Görlach* stimmte Herrn *Ebsen* vollständig zu. Zusätzlich merkte er noch an, dass in der Praxis beim Emissionshandel Transaktionskosten (Messungen, Reporting) eine große Rolle spielen. Für private Haushalte würden diese prohibitiv wirken, sodass dort Steuerlösungen sinnvoller seien. Beim Emissionshandel bestehe die Möglichkeit zwischen Zuteilung und dem Umweltziel selbst zu unterscheiden, sodass eine zusätzliche Spielgröße vorhanden ist, über deren konkrete Ausgestaltung dann trefflich diskutiert werden kann. Das Umweltziel könne also gewährleistet werden, aber es bestehe trotzdem ein Freiheitsgrad mehr im Hinblick auf die Zuteilung. Diese Trennung gebe es bei der Steuer nicht, was seiner Meinung nach den Emissionshandel insgesamt interessanter mache.

Satzung des Zentrums für Außenwirtschaftsrecht e. V.

§ 1 Name, Sitz

(1) Der Verein führt den Namen „Zentrum für Außenwirtschaftsrecht e. V." (ZAR).

(2) Der Verein hat seinen Sitz in Münster.

§ 2 Zweck, Gemeinnützigkeit

(1) Zweck des Vereins ist die Förderung von Wissenschaft und Forschung auf dem Gebiet des Außenwirtschaftsrechts sowie der Beziehungen zwischen Wissenschaft und Praxis auf diesem Gebiet. In Zusammenarbeit mit dem Institut für öffentliches Wirtschaftsrecht der Westfälischen Wilhelms-Universität Münster verfolgt der Verein dieses Ziel in wissenschaftlicher Unabhängigkeit insbesondere durch

- die jährliche Ausrichtung eines Außenwirtschaftsrechtstages, der ein Wissenschaft und Praxis zusammenführendes Gesprächsforum für außenwirtschaftsrechtliche Fragestellungen sein soll,
- die Intensivierung und Pflege der Kontakte zwischen Wissenschaft und Praxis auf dem Gebiet des öffentlichen Wirtschaftsrechts, insbesondere des Außenwirtschaftsrechts durch das Angebot von wissenschaftlichen Diskussions- und Vortragsveranstaltungen,
- die Förderung wissenschaftlicher Veröffentlichungen auf dem Gebiet des öffentlichen Wirtschaftsrechts, insbesondere des Außenwirtschaftsrechts,
- die Unterstützung der Lehr- und Forschungstätigkeit am Institut für öffentliches Wirtschaftsrecht der Westfälischen Wilhelms-Universität Münster auf dem Gebiet des öffentlichen Wirtschaftsrechts, insbesondere des Außenwirtschaftsrechts.

(2) Der Verein verfolgt ausschließlich und unmittelbar gemeinnützige Zwecke im Sinne des Abschnitts „Steuerbegünstigte Zwecke" der Abgabenordnung. Der Verein ist selbstlos tätig; er verfolgt nicht in erster Linie eigenwirtschaftliche Zwecke. Mittel des Vereins dürfen nur für die satzungsmäßigen Zwecke verwendet werden. Die Mitglieder erhalten keine

Zuwendungen aus Mitteln des Vereins. Es darf keine Person durch Ausgaben, die dem Zweck des Vereins fremd sind, oder durch unverhältnismäßig hohe Vergütungen begünstigt werden.

(3) Die Änderung des Vereinszwecks bedarf der Mehrheit von 2/3 aller Vereinsmitglieder. Schriftliche Zustimmung ist ausreichend.

(4) Bei Wegfall des steuerbegünstigten Zwecks oder der Auflösung des Vereins ist sein Vermögen unmittelbar und ausschließlich zu steuerbegünstigten Zwecken im Sinne des § 2 Abs. 1 zu verwenden. Der Beschluß hierüber bedarf vor seiner Ausführung der Zustimmung des zuständigen Finanzamts.

§ 3 Geschäftsjahr

Geschäftsjahr des Vereins ist das Kalenderjahr. Das erste Rumpfgeschäftsjahr endet am 31.12.1998.

§ 4 Mitgliedschaft

(1) Der Verein kann persönliche Mitglieder und sonstige Mitglieder haben. Persönliche Mitglieder sind natürliche Personen, sonstige Mitglieder juristische Personen des privaten und öffentlichen Rechts sowie rechtlich unselbständige Personenverbände.

(2) Die Mitgliedschaft steht nur Personen offen, die sich in Theorie oder Praxis mit dem Außenwirtschaftsrecht befassen und dem Institut für öffentliches Wirtschaftsrecht verbunden sind.

(3) Die Aufnahme ist schriftlich beim Vorstand zu beantragen, der hierüber entscheidet. Über Ausnahmen im Sinne des Absatzes 1 entscheidet die Mitgliederversammlung. Die Mitgliedschaft wird erworben durch Aufnahme in die Mitgliederliste.

(4) Die Mitgliedschaft endet

a) mit dem Ableben oder der Auflösung eines Mitglieds;

b) durch schriftliche Austrittserklärung, wobei der Austritt nur zum Schluß des Kalenderjahres zulässig ist;

c) durch Ausschluß aus dem Verein;

d) durch Streichung aus der Mitgliederliste.

(5) Ein Mitglied, das in erheblichem Maße gegen die Vereinsinteressen verstoßen hat, kann durch Beschluß des Vorstands aus dem Verein ausge-

schlossen werden. Vor dem Ausschluß ist das betroffene Mitglied zu hören. Die Entscheidung über den Ausschluß ist schriftlich zu begründen und dem Mitglied mit Einschreiben gegen Rückschein zuzustellen. Das Mitglied kann innerhalb einer Frist von einem Monat ab Zugang schriftlich Berufung beim Vorstand einlegen. Über die Berufung entscheidet die Mitgliederversammlung mit einfacher Mehrheit der abgegebenen Stimmen. Macht das Mitglied vom Recht der Berufung innerhalb der Frist keinen Gebrauch, unterwirft es sich dem Ausschließungsbeschluß.

(6) Die Streichung des Mitglieds aus der Mitgliederliste erfolgt durch den Vorstand, wenn das Mitglied mit zwei Jahresbeiträgen in Verzug ist und diesen Beitrag auch nach schriftlicher Mahnung durch den Vorstand nicht innerhalb von drei Monaten von der Absendung der Mahnung an die letztbekannte Anschrift des Mitglieds voll entrichtet. Die Mahnung muß auf die bevorstehende Streichung der Mitgliedschaft hinweisen.

§ 5 Organe des Vereins

Die Organe des Vereins sind:

1. der Vorstand,
2. die Mitgliederversammlung,
3. der Beirat.

§ 6 Vorstand

(1) Der Vorstand besteht aus mindestens drei Mitgliedern. Dies sind der Vorsitzende, der stellvertretende Vorsitzende und der Geschäftsführer des Vereins. Zwei Mitglieder des Vorstandes sollen Universitätsprofessoren aus dem Kreis der Rechtswissenschaftlichen Fakultät der Westfälischen Wilhelms-Universität Münster sein.

(2) Die Vorstandsmitglieder werden von der Mitgliederversammlung für die Dauer von drei Jahren gewählt. Wiederwahl ist möglich. Sie bleiben solange im Amt, bis eine Neuwahl erfolgt. Scheidet ein Vorstandsmitglied während der Amtsperiode aus, ist eine Selbstergänzung zulässig.

(3) Eine vorzeitige Abberufung des Vorstands ist nur aus wichtigem Grund möglich.

(4) Der Vorstand leitet den Verein im Rahmen dieser Satzung gemäß den von der Mitgliederversammlung gefaßten Beschlüssen. Er entscheidet in allen Angelegenheiten, die nicht der Beschlußfassung der Mitglieder-

versammlung unterliegen. Die Vorstandsmitglieder teilen die Geschäfte untereinander nach eigenem Ermessen ein.

(5) Der Vorstand vertritt den Verein gerichtlich und außergerichtlich; er hat die Stellung eines gesetzlichen Vertreters. Jedes Vorstandsmitglied kann den Verein allein vertreten.

(6) Vorstandsbeschlüsse bedürfen der Einstimmigkeit. Bei Stimmengleichheit gibt die Stimme des Vorsitzenden den Ausschlag.

§ 7 Mitgliederversammlung

(1) Die ordentliche Mitgliederversammlung ist jährlich vom Vorstand unter Einhaltung einer Ladungsfrist von mindestens zwei Wochen schriftlich einzuberufen. Den Ort der Zusammenkunft bestimmt der Vorstand. Mit der Einladung zur Mitgliederversammlung ist die vom Vorstand festgesetzte Tagesordnung mitzuteilen. Eine außerordentliche Mitgliederversammlung ist innerhalb von sechs Wochen schriftlich einzuberufen, wenn das Vereinsinteresse es erfordert oder wenn ein Drittel der Mitglieder dies schriftlich und unter Angabe des Zwecks und der Gründe gegenüber dem Vorstand beantragt.

(2) Der Vorsitzende des Vorstands berichtet der Mitgliederversammlung über die Tätigkeit des Vereins während des Zeitraums seit der letzten Mitgliederversammlung.

(3) Die Mitgliederversammlung hat insbesondere folgende Aufgaben:

a) Genehmigung des Haushaltsplans für das kommende Geschäftsjahr,

b) Entgegennahme des Rechenschaftsberichts des Vorstands und des Prüfungsberichts des Kassenprüfers,

c) Entlastung des Vorstands,

d) Wahl und Abberufung des Vorstands und des Kassenprüfers,

e) Festsetzung der Höhe des Mitgliedsbeitrags,

f) Beschlußfassung über Satzungsänderungen und Vereinsauflösung,

g) Beschlußfassung über die Berufung eines Mitglieds gegen seinen Ausschluß.

h) Beschlußfassung über die ihr vom Vorstand vorgelegten Fragen.

(4) Jedes Mitglied hat eine Stimme.

(5) Die Mitgliederversammlung wird vom 1. Vorsitzenden, bei dessen Verhinderung vom 2. Vorsitzenden, geleitet. Sie ist beschlußfähig, wenn

mindestens sieben Mitglieder anwesend sind. Sie beschließt mit der einfachen Mehrheit der abgegebenen Stimmen, sofern die Satzung nichts anderes bestimmt. Bei Stimmengleichheit gilt der Antrag als abgelehnt, im Falle von Wahlen der Betreffende als nicht gewählt.

(6) Über die Beschlüsse der Mitgliederversammlung ist ein Protokoll aufzunehmen, das von dem Versammlungsleiter und dem Protokollführer zu unterzeichnen ist.

§ 8 Mitgliedsbeiträge, Finanzierung

(1) Die notwendigen Mittel zur Durchführung der Aufgaben des Vereins werden durch Beiträge der Mitglieder, Geld- und Sachspenden sowie sonstige Einnahmen aufgebracht. Etwaige Überschüsse aus der Veranstaltung eines Außenwirtschaftsrechtstages fallen dem Verein zu.

(2) Die Mitgliedschaft verpflichtet zur Zahlung eines Beitrags. Der Mindestbeitrag wird durch Beschluß der Mitgliederversammlung festgesetzt. Über Ausnahmen von der Beitragspflicht entscheidet der Vorstand. Vorstandsmitglieder werden wegen ihres ehrenamtlichen Einsatzes von der Beitragspflicht befreit.

(3) Der Mitgliedsbeitrag ist zu Beginn eines jeden Jahres fällig. Er ist für das ganze Jahr zu entrichten, auch wenn in diesem Jahr die Mitgliedschaft begonnen oder geendet hat.

(4) Der Verein darf neben den zur Deckung seiner Aufgaben erforderlichen Mittel Rücklagen ansammeln, die die Erfüllung seiner satzungsgemäßen Aufgaben absichern sollen.

§ 9 Rechnungslegung, Kassenprüfer

Auf jeder ordentlichen Mitgliederversammlung wird ein Kassenprüfer gewählt, welcher der nächsten Mitgliederversammlung Bericht über die Kassenprüfung und Finanzlage des Vereins erstattet. Eine Kassenprüfung hat mindestens einmal im Jahr zu erfolgen.

§ 10 Beirat

(1) Der Beirat besteht aus Persönlichkeiten aus Wissenschaft und Praxis. Diese werden für die Dauer von drei Jahren durch den Vorstand bestellt. Wiederbestellung ist zulässig.

(2) Der Beirat unterstützt den Vorstand, der an den Sitzungen des Beirates teilnehmen kann, bei der Erfüllung seiner Aufgaben. Er pflegt den Kontakt zwischen dem Verein und der Praxis und gibt Anregungen für die Vereinstätigkeit.

§ 11 Satzungsänderung

Diese Satzung kann durch die Mitgliederversammlung mit einer Mehrheit von zwei Dritteln der abgegebenen Stimmen geändert werden.

§ 12 Auflösung

Der Verein kann durch Beschluß der Mitgliederversammlung aufgelöst werden. Der Auflösungsbeschluß bedarf der Mehrheit von drei Vierteln der abgegebenen Stimmen.

Die vorstehende Satzung wurde in der Gründungsversammlung am 28. Mai 1998 in Münster beschlossen.

Stichwortverzeichnis